스위스보다 더 좋은 우리나라 시골 여행지

촌 캉 스

스위스보다 더 좋은 우리나라 시골 여행지

촌캉스

—

2023년 7월 01일 1판 1쇄 인쇄
2023년 7월 14일 1판 1쇄 발행

—

지은이 김다은
펴낸이 이상훈
펴낸곳 책밥
주소 03986 서울시 마포구 동교로23길 116 3층
전화 번호 02-582-6707
팩스 번호 02-335-6702
홈페이지 www.bookisbab.co.kr
등록 2007.1.31. 제313-2007-126호

—

기획 박미정
디자인 디자인허브

—

ISBN 979-11-93049-05-1 (13980)
정가 19,000원

책밥은 (주)오렌지페이퍼의 출판 브랜드입니다.

스위스보다 더 좋은 우리나라 시골 여행지

촌캉스

책밥

많은 분들이 이 책을 보고 '나도 여행 가고 싶어-'라고 생각하기 바라며
글을 썼다.

나 또한 그랬다. 누군가의 여행 사진을 보고 스물한 살에 혼자 제주살이
를 하러 떠났다. 아름다운 제주의 이곳저곳을 다니며 나의 감성이 담긴
사진을 찍었고, 그 안에서 더없는 자유로움을 느꼈다. 이 여행 이후에 더
많은 곳을 여행하며 더 많은 즐거움을 알게 되었고 그 마음은 점점 커지
고 있었다. 혼자 보기 아까운 풍경 사진을 SNS에 올리던 어느 날, 나는
10만 명이 넘는 구독자가 생겼고 여행 인플루언서라고 불리게 되었다.
내가 좋다고 생각한 것을 그분들과 함께 보고 공유하면서 여행의 기쁨을
온전히 느끼는 중이다.

물론 항상 기쁘기만 한 것은 아니었다. 좋아하는 일이 직업이 되고 나니
여행의 기쁨이 부담으로 느껴지기도 했다. 하지만, 나로 인해 행복한 여
행을 했다는 어느 구독자의 쪽지를 받고 나서 내가 여행하는 진짜 이유
와 여행을 통해 얻은 기쁨이 무언지 다시 한번 깨달을 수 있었다. 새로운
여행을 떠날 에너지 충전과 함께….

장기적으로, 아름다운 우리나라를 해외에 닐리 알리고 싶다는 소망이 있다. 스위스보다 아름다운 우리 산골, 부다페스트보다 화려한 우리 야경, 몰디브보다 빛나는 우리 바다…. 나 혼자만으로는 쉽지 않겠지만 겁 없이 여행을 떠났던 스물한 살 때처럼, 조금씩 노력하면 불가능하지만은 않지 않을까?

마지막으로 책을 쓰는 데에 도움을 주신 많은 분에게 감사 인사를 하고 싶다. 내가 무엇을 하던 항상 응원해 주고 힘이 되어주는 준희, 부족한 나의 글을 사랑으로 봐준 다솔 언니, 책을 쓰게 됐을 때 나보다 더 기뻐했 던 우리 가족들, 사진 도움을 준 지현이, 성연이, 라니 언니, 정은 님, 망 나니님과 블로거님들 그리고 사진 촬영에 협조해 주신 숙소 운영자님들 까지. 수많은 분의 도움과 응 원 덕분에 이 책을 마무리할 수 있게 되었 다. 항상 깊은 감사의 미음을 가지며 우리나라의 구석구석 숨은 여행지 를 알리는 여행가가 되기 위해 더 노력해야겠다.

여름의 문턱에서
김다은 드림

✿

차례

진정한 쉼을 얻을 수 있는 촌캉스 숙소 29군데를 중심으로, 시골 감성과 대자연을 느낄 수 있는 여행지 148군데를 소개한다. 각 지역의 숙소(stay)와 여행지(spot), 식당(food)과 카페(cafe), 그리고 그 지역의 가볼 만한 곳을 담았다.

stay

28개 지역별로 뷰와 자연이 아름답고 소담한 촌캉스 숙소 29군데를 소개한다. 초록색으로 덮인 마운틴 뷰 숙소와 어디가 하늘이고 어디까지가 바다인지 모를 오션뷰 숙소 등, 자연을 제대로 느낄 수 있는 다양한 숙소가 있다.

Spot

숙소에 묵으면서 가볼 만한 여행지를 소개한다.

Food

지역의 특색을 살린 맛있는 음식점을 소개한다.

Cafe

사랑스러운 경치와 분위기가 좋은 감성 카페를 소개한다.

28개 해당 지역에서 추천할 만한 촌캉스 여행지를 소개한다.

1

경상도의
촌캉스

자연이 주는 편안함과 안식을 경험하고 때때로 그 위대함에 나 자신
을 돌아보고 싶다면 섬진강과 지리산을 따라 여행하는 것은 어떨까?
반짝이는 섬진강의 물줄기를 보며 자전거를 타도 좋고, 지리산의 맑
은 공기를 마시며 걸어도 좋다. 잠시 쉬어가고 싶을 땐 화개장터에서
맛있는 음식도 먹고, 새소리가 들리는 숙소에서 낭만적인 촌캉스를
경험해 보자. 정이 넘치고 활기 넘치는 경상도로 떠나보지!

주소 경북 군위군 삼국유사면 화산산성길 65-1
인원 기준 인원 2인, 최대 인원 4인 / 독채 4개 운영
문의 인스타그램 @8855suja, @gunwi.jadam
금액 15만 원대부터

stay

해발 700m에 있는 농장 민박. 이불도 없고 식기 도구나 조리도
구가 없어 조금 불편하지만, 자연닮은 치유농장은 이 모든 것을
감수해도 좋을 만큼 황홀한 풍경을 가지고 있다. 이 풍경이 입소
문을 타고 사람들에게 알려져 이제는 원하는 날짜에 쉬이 예약
하기 힘들어졌다고 한다.

이곳은 구름과 하늘을 가장 가까이에서 볼 수 있다는 '구름채'와
'하늘채'를 운영하고 있다. 숙소 내부는 방 한 칸이 끝이고, 화장
실과 주방이 모두 바깥에 있어 조금 번거롭지만, 한두 번 왔다 갔
다 하다 보면 오히려 재미를 느끼기도 한다. 차 체험을 할 수 있
도록 꽃잎을 제공해 주니 풍경을 보며 차 한잔 즐기다가 마당에
서 맛있는 음식을 만들어 먹자. 조금 불편하더라도 높은 산 위에
서 있는 그대로의 자연을 즐길 수 있다면 그 자체가 낭만일 것 같
다. 저 멀리 군위호가 보이는 풍경과 바로 눈앞에서 둥둥 떠다니
는 구름, 이 모든 것들이 힘을 합쳐 답답한 가슴을 뻥 뚫어준다.

비가 온다 해도 너무 슬퍼하지 말자. 비 오는 아침은 운해가 피
어오르는데, 게으름만 피우지 않는다면 비현실적으로 진귀한 풍
경을 맞닥뜨릴 수 있다. 군위의 멋진 자연을 바라보며 도시 생활
로 지친 스스로를 위로해 주자.

하늘채의 돌화로. 장작을 구매하면 이용할 수
있다.

마리골드 꽃차를 체험할 수 있는 다도 공간

비가 오기 전 멋진 하늘 풍경. 비가 오면 마루
에 앉아 낭만을 느껴보자.

 숙소 이용 tip

1　숙소 주변에 마트나 편의점이 없으니 미리 장을 보고 가자.

2　이불, 베개, 수건, 식기 도구, 취사도구, 세면도구 등을 모두 챙겨야 한다.

3　지대가 높은 탓인지 저녁에는 바람이 많이 분다. 야외에 있을 때는 꼭 겉
　　옷을 챙겨입고 안전에도 유의하자.

4　숙소 운영자에게 장작을 구매할 수 있으니 불멍도 놓치지 말자.

5　이른 아침에 일출을 보며 사진을 찍어보자. 운 좋으면 운해를 만날 수도
　　있다.

자연닮은 치유농장의 가장 유명한 사진 스팟. 가을이 되면 더욱 다양한 꽃이 피어난다.

주소 경북 군위군 삼국유사면 화북리 산 230
주차 전망대 입구 주차장 이용 가능. 한 방향 통행 구간이니 꼭 이정표를
　　확인하자.
입장료 없음

바람이 좋은 군위 화산마을에는 2개의 전망대가 있다. 하늘전망
대는 커다란 풍력발전기가 있어 좋고, 풍차 전망대는 꽃밭과 귀
여운 풍차, 액자처럼 생긴 포토존이 있다. 둘 다 서로 다른 매력
이 있지만 굳이 한군데를 꼽으라고 하면 개인적으로 사진 스팟
이 많은 풍차전망대를 더 추천한다. 해가 뜰 때 방문하면 멋진
운해가 펼쳐지기도 하고, 맑은 날에는 멀리 있는 풍력발전기가
뚜렷하게 보여서 좋다. 풍차와 풍력발전기를 설치할 만큼 바람
이 많은 곳이니 따뜻한 날이라도 긴 옷을 챙겨가면 좋겠다.

인생사진 **tip** 전망대에 있는 액자 사진 스팟에서 사진을 찍어 보자. 그 옆에
키가 큰 나무가 있는데 나무 아래에서 사진을 찍어도 예쁘게 나온다.

주소 경북 군위군 우보면 미성5길 58-1
주차 헤원의 집 산책로 옆 전용 주차장 이용 가능
입장료 없음

영화 리틀 포레스트 촬영지. 영화 촬영 이후 넓은 꽃밭과 다양한 사진 스팟이 생겨 산책하고 자전거 타기 좋아졌다. 방과 주방은 실제 영화 촬영 당시 모습 그대로 꾸며져 있고, 방명록이 있어 추억을 기록할 수 있다.

인생사진 **tip** 영화 속에서 혜원이가 타고 다닌 것과 똑같은 자전거가 비치되어 있다. 촬영지에 왔다면 영화 주인공처럼 행동해 보는 것은 필수! 시원한 바람을 맞으며 자전거를 달려보고 사진도 찍자.

SNS에서 일명 욕쟁이 할머니가 운영하는 식당이라고 알려져 있으며 군위 주민들에게도 많은 사랑을 받는 곳이다. 조미료를 넣지 않고 조리하는 박타산쉼터는 저렴한 가격, 푸짐한 양, 장난기가 많은 운영자 덕분에 단골들이 자주 방문해 음식도 먹고 서로의 안부를 묻는다고 한다. 20년 넘게 단골이 유지되는 이유는 맛도 있지만 운영자의 푸근한 정도 큰 이유라고 한다. 군위에 간다면 정이 넘치는 곳에서 꼭 칼국수와 파전을 먹어보자.

인생사진 **tip** 진정한 촌캉스를 느끼고 싶다면 야외 평상에 앉아서 식사를 해보자. 박타산쉼터 간판이 한눈에 보이는 자리에 앉아서 사진 찍으면 예스러운 감성의 사진이 나온다.

군위 가 볼 만한 곳

일연공원

군위는 일연이 삼국유사를 지은 곳이라 하여 이를 기념하는 시설이 많다. 일연공원의 이름도 삼국유사를 지은 일연의 이름을 따서 지었다. 군위댐 하류에 조성된 공원으로 차박과 물놀이를 즐기는 가족 단위 여행객이 많다. 멋진 암벽과 폭포, 징검다리가 아름답다.

한밤마을 돌담길

드라마 '나쁜 엄마' 촬영지로 알려져 최근 들어 인기를 끌고 있는 곳이다. 마을에 돌담으로 둘러싸인 전통가옥이 즐비한데, 처음 마을이 형성되고 집을 지을 때 나온 많은 돌을 처리하기 위해, 그것으로 땅의 경계를 삼은 것이 시작이라 한다. 수백 년 된 전통가옥이 온통 돌담으로 되어있어 내륙의 제주도라고 부른다.

주소 경북 군위군 삼국유사면 화북3길 3-24

주소 경북 군위군 부계면 한티로 2137-3

사유원

오랜 세월을 이겨낸 나무와 석상, 아름다운 건축물이 함께 하는 사색의 공간으로 단순한 수목원에서 벗어나 자신을 돌아보고 깊이 생각하게 하는 곳이다. 입장료는 조금 비싸지만 멋진 건축물과 공간 때문에 방문하기 좋다.

화본마을

화본역은 네티즌이 전국에서 가장 아름다운 간이역으로 선정한 곳이다. '엄마아빠 어렸을적에'는 폐교를 리모델링 해 1970년대 마을을 재현해 놓은 문화공간으로 우리의 옛 모습을 볼 수 있어 사람들이 많이 찾는다.

주소 경북 군위군 부계면 치산효령로 1150
전화 054-383-1278
홈페이지 www.sayuwon.com

주소 경북 군위군 산성면 산성가음로 722
전화 054-382-3361
홈페이지 화본마을.com

주소 경남 함양군 휴천면 건불동길 87-10
인원 기준 인원 2인, 최대 인원 8인 / 독채 1개 운영
문의 전화 또는 문자 예약(010-8645-4535)
금액 23만 원대부터

지리산의 맑은 공기를 마시며 즐길 수 있는 해발 500m의 숙소.
정원에서 보이는 지리산 천왕봉 풍경이 너무 아름다워서 '한국
의 스위스'라는 별명을 가지고 있다. 주말마다 함양으로 와서 20
년간 집을 가꾸다가 펜션으로 운영한 지는 얼마 안 되었는데, 아
름다운 풍경 때문에 가족, 연인 등 다양한 사람들이 찾아온다고
한다. 숙소를 운영하고 있는 부부가 직접 쓰고 꾸미고 만들어낸
정원과 숙소는 마치 미술 작품 같다. 기왓장에 적혀있는 시와 귀
여운 조형물들이 눈길을 끌고, 풍경이 액자처럼 보이는 공간이
있는데, '주문하신 휴식 나왔습니다'라는 글귀가 인상적이다. 내
부에는 방이 2개 있고, 거실이 워낙 넓어 많은 인원이 가기에도
좋다. 뿐만 아니라 TV, 스피커, 책이 준비되어 있어 심심할 틈이
없다. 저녁에는 솥뚜껑에 고기를 구워 먹는 야외 바비큐를 즐길
수 있다. 멋진 풍경을 바라보며 맛있는 음식을 즐길 수 있으니
꼭 고기를 준비해서 가자. 비가 오고 난 뒤 아침에 운해가 정말
멋있다고 한다. 아침 풍경도 놓치지 말자.

심심할 틈이 없도록 꾸며놓은 실내. 스피커가
있어서 신나는 음악을 들으며 즐기기 좋다.

작은 연못과 다양한 조형물, 전부 부부가 20년
간 직접 가꾼 작품이다.

봄에 가면 볼 수 있는 철쭉! 계절별대로 정원 곳곳에 다양한 꽃이 피
어난다.

숙소 이용 tip

1 숙소 앞 마당에서 지리산 천왕봉을 볼 수 있다. 초록이 물드는 계절에는
   더욱 아름다우니 야외에서 많은 활동을 해보자. 돗자리를 가져가서 정원
   에서 놀아도 좋다.

2 숙소 가는 길은 경사가 가파르니 운전에 유의하자. 숙소 근처에는 마트가
   없으니 미리 장을 봐서 가는 것이 좋다.

3 지리산 흑돼지가 유명하니 미리 준비해서 솥뚜껑 바비큐를 즐기자.

4 햇빛이 잘 들어 아침 정원이 아름답다. 아침에 사진 촬영 추천!

주문하신 휴식 나왔어요! 지리산 천왕봉이 한눈에 보이는 자리에 앉아 휴식을 취해보자.

선비문화탐방로 1구간의 시작점인 거연정. 정자와 계곡, 다리
가 놓인 풍경이 무척 아름답다. 1640년에 처음 세워져 현재는
여러 차례 복원한 형태이다. 다리 양옆으로 쭉 뻗은 나무와 화
림동계곡을 바라보며 다리를 건너보자. 마음이 한결 평온해진
다. 작은 별서 역할을 했던 정자에도 앉아 보고, 흐르는 계곡물
도 구경해 보자. 시간이 많다면 선비문화탐방로를 구경하는 것
도 추천한다.

인생사진 tip 다리를 건너기 전 언덕에 서서 다리를 향해 사진을 찍으면 좋
다. 그리고 선비문화탐방로 표지판이 있는 입구 쪽에서 사진을 찍으면 전체 풍
경을 담을 수 있다.

주소 경남 함양군 함양읍 구룡리 산 119-3
주차 지안재 전망대 위 전용 주차장 이용 가능
입장료 없음

한국의 아름다운 길 100선에 선정된 지안재는, 함양에서 지리
산으로 빨리 넘어가기 위해 만든 길로 2004년에 개통되었다.
경사가 높고 길이 엄청나게 구불구불하다. 지안재의 정상에는
주차할 수 있는 공간도 있고 간단한 음료와 기념품을 파는 트럭
도 있다. 전망대도 있으니 꼭 내려서 사진을 찍어보자. 정상에
올라 시원한 바람을 맞으며 드넓은 풍경을 바라보면 일상에서
쌓인 피로와 스트레스가 한꺼번에 해소될 것 같다.

인생사진 tip 지안재 전체 풍경을 볼 수 있는 전망대가 있어서 쉽게 사진을
찍을 수 있다. 비나 눈이 올 때에는 길이 미끄러울 수 있으니 조심하자.

함
양
✳

주소 경남 함양군 수동면 남계서원길 8-11
주차 남계서원 전용 주차장 이용 가능
입장료 없음

남계서원 뒤편에 있는 소나무길

Spot

우리나라에는 670여 개의 서원이 남아있는데, 그중 9개만이 유네스코 문화유산으로 등재되어 있다. 남계서원은 경남에서 유일하게 유네스코 문화유산으로 지정된 곳이다. 함양 온데이 체험을 예약하면 남계서원에서 선비 복장과 의관을 직접 착용해 볼 수 있고 조상에게 드리는 제례도 경험할 수 있다.

함양 온데이란 3박 4일간 한옥에 머무르며 현지인의 생활을 경험하고 여행하는 프로그램이다. 홈페이지(www.hyonday.co.kr)와 전화(070-4473-2472)로 예약할 수 있다.

주소 경남 함양군 마천면 지리산가는길 534
시간 11:00 ~ 20:00(월 휴무)
주차 카페오도재, 조망공원 전용 주차장 이용 가능

카페 오도재는 지리산 열세 봉우리가 내려다보이는 조망공원 옆에 위치한다. 지리산 청년 농부들이 수확하는 농산물과 제품으로 커피와 빵을 만든다. 지대가 높아 야외 좌석에 앉아 풍경을 보며 커피를 즐기기 좋다. 직접 만든 빵과 케이크도 맛있으니 꼭 먹어보자. 애견 동반인 경우 카페 외부 좌석에 앉아야 하니 참고하자.

인생사진 (tip)

지리산 봉우리를 한눈에 담을 수 있는 자리가 가장 인기가 많다. 테라스 자리에 앉아서 산을 배경으로 사진을 찍어보자.

함
양

©황성택의 수학이야기

용추계곡

맑은 계곡과 울창한 원시림이 있어 짧은 등
산을 하기에 더없이 좋은 곳이다. 예로부
터 안의현에 경치가 아름다운 대표적인 장
소 3군데를 '안의 삼동'이라 했는데 산수가
수려한 심진동 · 화림동 · 원학동을 말한다.
모두 깊은 계곡이 있는 절경으로 심진동의
용추계곡, 화림동계곡, 원학동의 수승대가
이에 속한다.

주소 경남 함양군 안의면 용추휴양림길 71

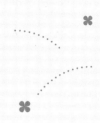

상림공원

신라 진성여왕 때 최치원이 천령 군의 태수
로 재임하는 동안 조성했다는 상림공원은
역사적으로 우리나라에서 가장 오래된 인
공림의 하나다. 숲길을 산책하기 좋은 곳으
로 꽃놀이 인파가 몰리기도 한다.

대봉산 휴양밸리

맑은 공기, 깨끗한 물, 아름다운 경관, 울창
한 숲에 조성된 휴식공간으로 대봉산 풍경
을 한눈에 볼 수 있으며 단풍이 절정을 이
룰 때 가장 아름답다.

주소 경남 함양군 함양읍 교산리 1073-1

주소 경남 함양군 병곡면 병곡지곡로 331

주소 경남 밀양시 상동면 도곡1길 97-29
인원 기준 인원 2인, 최대 인원 4인 / 독채 1개 운영
문의 네이버 및 에어비앤비 / 인스타그램 @forest_haru_
금액 19만 원대부터

Stay

꼬불꼬불 산길을 올라가야 나오는 밀양 숲의하루. 아무도 없는 산속에서 프라이빗하게 즐길 수 있는 촌캉스 숙소다. 크기는 아담하지만, 침실과 거실이 아늑하고 우쿨렐레와 각종 게임기가 있으며 야외에는 오두막집과 캠핑 바비큐장 그리고 평상까지 갖추고 있다. 오두막집에서 기타도 치고 차도 마시고 음악도 듣다가 해가 질 때쯤에 평상에 가서 바비큐를 먹으면 좋다. 캠핑 텐트가 준비되어 있어 어느 계절이든 따뜻하고 여유롭게 바비큐를 즐길 수 있다. 밤에는 숙소에 있는 망원경을 들고 나가서 별을 바라보자. 산속에서 풀벌레 소리를 들으며 별을 구경하면 마음이 차분해진다. 평화로운 숲의하루에서 책도 보고 연주도 하고 맛있는 음식을 먹다 보면 하루만 더 머무르고 싶어진다. 퇴실할 때까지 이것저것 신경 써주는 세심한 운영자가 있어 더욱 그렇다. 공간도 좋지만, 여행자들이 온전한 여행을 하기 바라는 운영자 때문에 더 기억에 남을 것 같다.

멋진 풍경을 볼 수 있는 숲의하루 오두막집

추운 겨울에도 걱정 없이 텐트 안에서 몸을 녹이며 바비큐를 이용할 수 있다.

아기자기한 소품 가득한 숲의 하루. 우쿨렐레와 턴테이블로 음악을 들으며 하루를 마무리하자.

오두막 야외 테라스의 전경. 이곳에서 다도를 즐겨보자.

오두막에 기타, 커피, 차, 턴테이블, 난로 등이 준비돼 있다.

숙소 이용 ^{tip}

1 숙소 올라가는 길이 경사가 가파르니 주의하자. 마트나 편의점은 꽤 거리가 있으니 미리 음식과 생활용품을 넉넉하게 준비해 갈 것을 추천한다.

2 오두막집에서 커피와 차를 이용할 수 있다. 오두막 야외 테라스에 앉아 산을 바라보는 시간이 환상적이다. 오두막을 이용할 것을 추천! 오두막에 앉아서 바라보는 노을도 놓치지 말자.

3 테라스에서 평상을 내려다보며 사진을 찍으면 예쁘게 나온다.

4 고구마나 마시멜로를 챙겨가 밤이 되면 불멍을 하자.

주소 경남 밀양시 용평로 330-7(월연정 입구)
주차 월연정 입구 앞 주차 이용 가능

1905년 경부선 철도 개통 당시에 사용되었던 철도 터널인 용평
터널. 1940년에 기차가 더 이상 다니지 않게 되면서 일반 도로
로 사용하고 있다. 차량 통행이 많지 않고 한산해서인지 사진
스팟으로 더 유명하다. 또한 영화 '똥개' 촬영지로 알려지면서
밀양의 관광지가 되었다. 어둠 속에서 바깥 빛을 향해 찍는 터
널이 무척 아름답다.

인생사진 tip

1. 터널 중간에 하늘이 보이는 공간
이 있는데 그곳이 사진 스팟이다.
햇빛이 비치면 아름다운 터널을 촬
영할 수 있다.
2. 보행자가 다닐 수 있지만, 차가
다니는 곳이니 안전에 유의하자.

밀
양
✳

주소 경남 밀양시 삼랑진읍 만어로 776
주차 만어사 전용 주차장 이용 가능
입장료 없음

만어사

Spot

밀양의 알프스라 불리는 만어사. 밀양 8경에 속해있을 정도로
이곳에서 보는 운해가 장관이라고 한다. 전설에 따르면 바다의
물고기들이 돌로 변하여 만어사라고 불리게 되었다는데, 큰 돌
이 수없이 깔려있어 신비롭고 웅장하게 느껴진다. 종소리 나는
돌이 있다고 해서 방문객들이 하나씩 돌을 두드려보기도 한다.
밀양에 간다면 꼭 들러보자!

인생사진 tip 돌 위에 가만히 올라가서 사진을 찍어보자. 멀리 보이는 산을
배경으로 찍으면 멋진 사진을 찍을 수 있다.

밀
양
✗

주소 경남 밀양시 밀양대로 2269-8
시간 11:30 ~ 21:30(매주 화 휴무)

황토

오리가 유명한 오래된 맛집으로 건물이 황토로 지어져 있다. 식사 공간이 각각 개별 방으로 되어있어서 프라이빗하게 식사를 할 수 있다. 오리구이, 오리불고기가 가장 유명하다. 갖가지 반찬과 건강한 음식들을 황토 방에서 먹으니 더욱 맛있다. 옛날 시골집 같은 느낌이다.

밀양

용암정

밀양에는 원래 '농암대'라는 수려한 경치를
자랑하는 곳이 있었는데, 밀양댐 건설 이후
수몰되어 그곳에 살던 많은 사람이 고향을
떠났다고 한다. 이후에 전망대를 짓고 용암
정이라 불렀는데, 고향을 그리워한다고 하
여 '망향정'이라고도 부른다. 전망대에 오르
면 밀양호의 환상적인 풍경을 볼 수 있다.
누군가의 고향이었으리라 생각하면 더 애
틋해진다.

주소 경남 밀양시 단장면 고례리 248-3

영남알프스얼음골케이블카

영남 알프스란 울산, 밀양, 양산, 청도, 경주
에 형성된 가지산을 중심으로 해발 1천 m
이상 되는 9개 산이 유럽 알프스와 견줄 만
큼 아름답다하여 붙여진 이름이다. 영남알
프스얼음골케이블카는 이곳을 관통하여 왕
복으로 운행하고 선로 길이가 1.8km에 달
하며 탑승 정원이 50명이라 가족, 친구, 연
인과 함께 시간을 보낼 수 있다.

주소 경남 밀양시 산내면 얼음골로 241
전화 055-359-3000
홈페이지 www.icevalleycablecar.com

영남루

진주 촉석루, 평양의 부벽루와 함께 우리나라 3대 명루로 꼽힌다. 고려 말에 지어 조선 초에 재건한 것으로 알려져 있다. 보물 제147호로 지정되었으며 강물에 비치는 야경이 아름다워 밀양 8경 중 하나로 손꼽힌다.

위양지

통일신라와 고려 이래로 농업용수를 공급하기 위해 이용된 연못이다. 연못 주변에 화악산·운주암·퇴로못 등이 만들어져 있는 것으로 보아 인위적으로 조성된 곳으로 보인다. 정확한 기록은 없지만, 통일신라시대에서 고려시대 사이에 만들어진 것으로 추측된다. 봄이 되면 저수지 주변에 이팝나무가 핀 풍경이 아름다워 많은 사람이 찾는다.

주소 경남 밀양시 중앙로 324

주소 경남 밀양시 부북면 위양리 279-2
　　　(주차장)

주소 경북 울진군 울진읍 울진북로 902-1
인원 기준 인원 4인, 최대 인원 6인 / 독채 3개 운영
문의 인스타그램 @onyangri
금액 28만 원대부터

stay

잔잔한 바다가 보이는 조용한 숙소, 온양리민박. 총 3개의 독채
를 운영하고 있다. 실내가 넓진 않지만, 주방이나 욕실, 복층, 마
당 등이 부족함 없이 갖추어져 있다. 마당에는 버스정류장에 있
을 법한 노란 의자와 바비큐를 할 수 있는 공간이 있고, 실내에
는 언제든지 사용 가능한 노래방 기계가 있다. 입실할 수 있는
인원이 6인까지라 가족이나 친구들끼리 방문해도 좋은, 휴가의
정석 같은 숙소이다. 게다가 문만 열면 바로 바다가 보여서 여름
에는 해수욕을 즐기기 좋고, 겨울에는 낭만 있는 겨울 바다를 감
상하기 좋다. 숙소에 도착하니 애교 많은 고양이가 손님을 맞이
하듯 마중 나와 있었고 바비큐 할 때도 계속 곁에서 맴돌았다.
야외에서 저녁을 먹다 보면 보랏빛으로 노을이 진다. 바다와 노
을을 바라보며 맛있는 저녁을 먹어보자. 밤이 되면 마당으로 나
가 바닷소리 들으며 놀아도 좋고 잠시 바다로 산책해도 좋다. 하
루 또는 며칠간 이곳에서 파도 소리를 들으며 스트레스를 날려
보자.

에메랄드빛 바다가 보이는 숙소 앞 전경

아무도 신경 쓰지 않아도 되는 우리만의 노래방과 아기자기한 복층

마당 캠핑 의자에 앉아 여유를 즐긴다.

숙소 이용 tip

1 정류장 의자에 앉아서 사진을 찍어보자. 숙소에 밀짚모자가 있으니 쓰고 찍어도 좋다.

2 노을이 지면 야외 좌석에 앉아 사진을 찍어도 좋다. 실내에서 거실 창문을 열고 바깥을 보며 촬영하면 더욱 넓은 풍경을 담을 수 있다.

3 캠핑 의자를 펼치고 마당에 앉아서 커피를 마시자! 바닷소리를 들으며 편히 쉴 수 있다.

4 숙소에 휴대용 가스레인지와 숯불 바비큐 장비 등이 구비되어 있으니 야외에서 맛있는 저녁을 지어도 좋다.

바다를 보면서 즐기는 바비큐! 숙소에 구비되어 있는 그릴과 휴대용 가스레인지

주소 경북 울진군 평해읍 월송정로 517
주차 월송정 전용 주차장 이용 가능
입장료 무료

관동 8경 중 하나. 관동 8경이란 강원도를 중심으로 동해안에 있는 8개소의 명승지를 말하는데 고성의 청간정, 강릉의 경포대, 고성의 삼일포, 삼척의 죽서루, 양양의 낙산사, 울진의 망양정, 통천의 총석정, 울진의 월송정 등이 있다. 울창한 소나무 숲을 지나면 바다를 향해 서 있는 월송정이 보이는데, 왜구의 침입을 살피는 망루 역할을 위해 고려 때 세워졌다고 한다. 일제강점기에 송림을 다 베어냈었지만, 1956년에 1만 5,000그루를 다시 심어서 현재의 멋진 경치를 볼 수 있게 되었다. 정자에 올라가 바다도 구경하고 산책도 하자. 울창한 소나무길을 걷다 보면 시간이 순식간에 지나간다.

인생사진 tip 소나무길을 걸으며 사진을 찍어보자. 키가 큰 소나무라 최대한 멀리서, 높게 찍어야 소나무와 인물을 함께 담을 수 있다.

등기산스카이워크로 가는 계단

주소 경북 울진군 후포면 후포리
주차 후포항 한마음광장 또는 마을 내부 자차장 이용

Spot

예능 프로그램이었던 '백년손님' 촬영지로 프로그램이 인기를
끌면서 마을이 벽화마을로 조성되고 관광지가 되었다. 골목마
다 귀엽고 정감 가는 벽화가 그려져 사진 찍기 좋다. 출연자들
이 이용했던 이발소, 식당 등 모든 곳이 잘 보존되어 관광객들이
신기해하며 사진을 찍는다. 등기산스카이워크로 가는 길에 '그
대 그리고 나' 드라마 촬영지가 있으니 함께 구경해 보는 것도
좋겠다.

인생사진 tip 등기산스카이워크로 향하는 계단이 가장 유명한 사진 스팟인데
계단 경사가 가파르니 올라갈 때 조심하자. 주민이 실제로 거주하니 조용히 하자.

울진 ✳

주소 경북 울진군 북면 덕구온천로 758
시간 10:30 ~ 20:00(목 휴무)

노포 감성의 장칼국숫집. 시골집을 개조하여 식당으로 운영 중
이다. 실내가 정겨운 느낌으로 꾸며져있고 야외 평상 좌석이 있
다. 덕구온천 근처에 있어 평일에 방문해도 북적북적하다. 이
식당에서는 매콤한 옹심이 장칼국수가 가장 인기 있는데, 바삭
한 전을 곁들여 먹으면 더욱 좋다. 특히 비 오는 날에 야외 평상
에서 따끈한 장칼국수와 호박 동동주를 함께 먹으면 더욱 좋다.

©울진문화관광

©울진문화관광

망양정

관동 8경 중 하나로 망양해수욕장 근처 언덕에 있다. 이곳의 풍광은 시, 그림으로 많이 전해오는데 조선 숙종이 관동 8경의 그림을 보고 이곳이 가장 좋다고 하여 '관동제일루(關東第一樓)'라는 글씨를 써 보내 정자에 걸도록 했다. 예부터 해돋이와 달구경이 유명하다.

성류굴

석회암 동굴로 성불이 머문다는 뜻이다. 기묘한 석회암들이 마치 금강산을 보는 것 같아 지하금강이라고 불린다.

주소 경북 울진군 근남면 산포리 716-1

주소 경북 울진군 근남면 성류굴로 221
전화 054-789-5404
홈페이지 www.uljin.go.kr
입장료 성인 기준 5,000원

등기산 스카이워크

길이 135m, 높이 20m의 울산에 위치한 관
광지. 강화유리로 된 구간이 있어 더욱 스
릴이 넘친다. 탁 트인 풍경은 머리와 가슴
을 시원하게 해준다.

죽변해안스카이레일

울진에 간다면 꼭 타 봐야 하는 스카이 레
일로 가격대는 좀 있지만 푸른 바다와 하늘
이 맞닿는 풍경이 아름다워 타볼만하다.

주소 경북 울진군 후포면 후포리 산141-21
전화 054-787-5862
입장료 무료

주소 경북 울진군 죽변면 죽변중앙로 235-12
전화 0507-1493-8939
홈페이지 www.uljin.go.kr/skyrail/main.tc
입장료 1대(4인) 35,000원

주소 경남 산청군 시천면 고운동길 377
인원 기준 인원 2인, 최대 인원 3인 / 객실 3개 운영
문의 네이버 예약, 인스타그램 @goun._dongcheon
금액 15만 원대부터

지리산 자락에 위치한 고운동천. 총 3개의 객실을 운영 중인데, 별채는 전기도 들어오지 않고 화장실도 외부에 있어서 진정한 촌캉스를 즐길 수 있다. 물론 전기와 화장실이 잘 구비된 객실도 있으니 너무 걱정하지 않아도 된다. 저녁 식사는 숙소 운영자가 하나하나 다 만들어서 직접 차려준다. 바비큐를 따로 이용해도 좋지만, 숙박비에 저녁과 아침 식사 비용이 포함되어 있기 때문에 간단하게 준비해 가도 괜찮다. 밥을 다 먹으면 장작에 불을 피워 불멍을 해보자. 온돌방에서 불멍을 할 수 있다는 점이 다른 숙소와 다른 점이다. 밤에는 평상에 앉아 불을 끄고 별구경을 하자. 여느 촌캉스 숙소가 다 그렇지만, 이곳의 밤하늘도 바라보는 사람을 황홀하게 한다. 아침에는 숙소 운영자와 함께 뒷산에 올라가서 조식을 먹는 이색적인 체험을 할 수 있다. 숙소 뒷산은 이 숙소를 이용하는 사람들만 올라갈 수 있는데, 30분 정도 올라가면 진달래와 다양한 야생화가 있다. 산과 들이 좋고 공기가 깨끗해 마음이 복잡할 때 와도 좋을 것 같다.

인생사진 tip 공용공간에 올라가 고운채 방향으로 사진을 찍어보자. 호숫가에 비친 반영이 정말 예쁘다.

책도 읽고 차도 마실 수 있는 공용 공간

개구리들이 뛰어노는 연못

숙소 운영자가 손수 차려주는 건강한 저녁 밥상

숙소 이용 tip

1 아침에 일어나면 숙소 지킴이 천동이와 산책을 해보자. 개운한 아침을 맞이할 수 있다.

2 어두워도 꼭 밤 산책을 하자. 풀벌레 소리와 반짝거리는 별, 상쾌한 공기가 참 좋다.

3 조식은 먹고 싶은 공간에서 먹으면 된다. 개인적으로는 짧은 등산 후 먹는 것을 추천한다.

어두운 밤이 되면 이 평상에 누워서 하늘에 펼쳐지는 수많은 별을 바라보자.

주소 경남 산청군 단성면 강누방목로 435
주차 대명사 전용 주차장 이용 가능

스님들이 정성스레 꽃잔디를 심어놓은 절. 101개의 계단을 올라가면 어마어마하게 화려한 풍경이 펼쳐진다. 꽃잔디 색이 신비롭고 경호강이 내려다보이는 풍경 또한 아름답다. 4월은 온통 꽃으로 덮여있는 대명사를 볼 수 있어 방문하기 가장 좋은 때이다. 이때는 관광객이 몰리니 아침 일찍 방문할 것을 추천한다. 꽃잔디는 밟지 않도록 조심하자.

인생사진 tip   대웅전을 올라갈 때는 가운데 계단으로 가지 말고, 양옆 계단으로 돌아가자. 계단이 높아 위에서 아래를 내려다보며 사진을 찍을 수 있는데 풍경이 넓게 들어와 가장 예쁘다.

주소 경남 산청군 생초면 산수로 1064
운영시간 09:00 ~ 24:00

생초국제조각공원은 국내 최대 면적의 꽃잔디 동산으로 4월에
꽃잔디 축제를 연다. 경사가 조금 있으니 편한 신발을 신고 가자.
가장 높은 곳에 올라가서 경치를 내려다보면 끝없이 펼쳐지는 꽃
잔디에 탄성이 절로 나온다. 꽃밭 근처에는 진입 금지 구역이 있
으니 조심하자. 어디가 인생 사진 스팟이라 할 것 없이 공원 전체
가 아름답다. 군데군데 사진 찍기 좋은 사진 스팟과 조각 작품들
이 있으니 사랑하는 사람과 함께 가서 인생 사진을 남겨보자.

함/께/가/기 place   원지강변길

산청의 숨은 벚꽃 명소 원지강변길. 봄에 산청에 간다면 꼭 벚꽃놀이를 하자.
2km가량 벚꽃길이 펼쳐져서 분홍분홍한 봄을 맞을 수 있다.

동의보감촌

2013년 산청세계전통의약엑스포를 성공적
으로 개최했던 지역적 특색과 자연자원을
활용하여 치유와 힐링의 관광명소로 조성한
산청한방테마파크이다. 전시관과 체험시
설, 숙박시설, 한방의료시설 등이 다양하다.

주소 경남 산청군 금서면 동의보감로 555번
　　길 61
전화 055-970-7216
홈페이지 donguibogam-village.sancheong.
　　go.kr

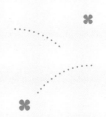

방목리 카페

석대산 중턱에 위치한 카페. 지대가 높은 탓에 내려다보이는 풍경이 수려하고 베이커리와 커피 맛이 좋아 SNS에서 이미 유명하다. 산속에 있지만 인테리어가 현대적이고 깔끔하다.

남사예담촌

지리산 초입에 자리한 남사 마을은 많은 선비가 과거에 급제해 가문을 빛내던 학문의 고장으로, 공자가 살던 니구산과 사수를 이곳에 비유할 정도로 학문을 숭상하는 마을이다. 수백 년 된 한옥과 고목, 담장 등이 오랜 세월을 건너 잘 보존되어 있으며 우리나라에서 가장 아름다운 마을 제1호로 선정되었다.

주소 경남 산청군 단성면 석대로 281번길
       229-30
전화 055-974-8881
홈페이지 인스타그램 @bangmok_ri.cafe

주소 경남 산청군 단성면 지리산대로 2897
       번길 10
전화 070-8199-7107
홈페이지 namsayedam.com

주소 경북 영천시 화북면 탑들소일길
인원 기준 인원 2인, 최대 인원 3인 / 독채 1개 운영
문의 에어비앤비 예약, 인스타그램 @soil_farm
금액 17만 원대부터

Story

구불구불 산길을 올라가 오지 마을에 도착하면 푸르른 풍경이
반겨준다. 소일뜨락은 피부질환을 일으키거나, 환경호르몬이 발
생하는 자재를 전혀 사용하지 않고 친환경 소재로만 지은 건물
이다. 숙소 바로 옆에 숙소 운영자가 살고 있으며, 과수원과 텃
밭이 있어서 방문객이 직접 채소를 수확해서 먹을 수 있다. 숙소
내부는 침대와 주방, 작은 식탁만 있을 정도로 아담하지만, 야외
에서 바비큐도 해먹을 수 있고, 간단한 요리가 가능한 온실형 테
라스 공간도 있다.

가장 가까운 마트가 차로 30분 거리에 있으니 미리 장을 봐서 가
면 좋겠다. 대신 아무에게도 방해받지 않는 진정한 휴식을 즐길
수 있다. 가만히 앉아있으면 새소리와 나뭇잎 소리가 잔잔하게
들려온다. 경치를 보며 그네도 타고, 마당 산책도 하고, 듣고 싶
은 음악도 듣자.

다음날 아침은 자연방사로 키우는 토종닭이 낳은 유정란과 다양
한 채소로 만든 조식이 제공된다. 마당에 나가 시원한 바람을 맞
으며 먹는 조식은 진정한 꿀맛! 소일뜨락에서의 여유가 한결 소
중하게 느껴진다.

커피를 마시며 숲 전경을 바라볼 수 있는
온실 테라스

바비큐를 먹을 때 제공되는 직접 키우는 채소
들. 쌈과 허브가 다양하다.

아침에 일어나면 테라스에서 풍경을 보며 하
루를 시작하자.

숙소 이용 tip

1 시기가 맞는다면 숙소 운영자가 키운 채소를 직접 수확해서 먹을 수 있다.
  아주 다양한 채소들이 있어서 구경하는 재미가 쏠쏠하다.

2 온실 테라스에서 음악을 들으며 시간을 보내자. 바깥에 펼쳐진 풍경이 그
  림처럼 보인다.

3 어두워지면 불을 모두 끄고 마당으로 나가서 별을 바라보자.

소일뜨락의 풍경을 보며 탈 수 있는 그네

주소 경북 영천시 화북면 정각리(보현산천문대 주차 후 걸어가기)
주차 보현산 천문대 주차장 이용 가능

보현산 정상인 시루봉과 천문대 일원에 위치한 탐방로. 약 1km
길이로 왕복 1시간이면 다녀올 수 있는데, 주변이 전부 숲길이
라 산책하기 좋다. 보현산천문대에 주차한 후 표지판을 따라가
자. 가는 길이 예뻐서 계속해서 감탄하게 된다. 해발 1,124m 높
이의 정상 시루봉까지 구경할 수 있는 탐방로이니 영천에 간다
면 꼭 들러보자.

인생사진 **tip** 시루봉은 경사가 가파르니 조심해서 올라가야 한다. 그림 같은
풍경이 보이는 액자 스팟에서 사진을 찍어보자.

보현산댐 짚와이어

보현산은 천문대도 유명하지만 짚와이어
도 재미있다. 보현산 역시 영천 9경 중 하나
다. 보현산댐을 횡단하여 발아래 아름다운
호수와 마을을 보며 스릴을 즐길 수 있다.
짚와이어의 속도는 90초 간 시속 100km라
고 한다.

주소 경북 영천시 화북면 배나무정길 196
전화 054-330-2755

임고서원

은해사와 함께 영천 9경 중 하나. 고려 말 유학자이자 충신인 포은 정몽주 선생을 추모하기 위해 창건된 서원으로 임진왜란 때 소실되었다가 선조 때 다시 지었으며 이때 임금으로부터 이름을 하사받아 사액서원이 되었다. 500년 된 은행나무가 유명하고 은행이 완전히 물들면 장관이 펼쳐진다.

은해사

신라 헌덕왕 원년에 지어진 사찰로 8개의 암자가 있는 천년고찰이다. 팔공산 동쪽에 위치해 산세가 수려하고 계곡이 아름답다. 등산이나 산책하기 좋고 특히 색색으로 물드는 가을이 아름다우니 꼭 방문해 볼 것을 추천한다.

주소 경북 영천시 임고면 포은로 447
홈페이지 www.yc.go.kr/tour/main.do

주소 경북 영천시 청통면 청통로 951
전화 054-335-3318(종무소)
홈페이지 www.eunhae-sa.org

주소 경남 하동군 악양면 악양서로 409-2
인원 기준 인원 2인, 최대 인원 3인(자녀 동반 시 추가요금 없음) / 독채 1개 운영
문의 인스타그램 @vimevime_stay
금액 35만 원대부터

다채로운 색감과 빈티지한 소품이 예쁜 숙소. 알록달록한 실내
와 빨간 지붕이 너무나 매력적인 곳이다. 침실에 앉아있으면 답
답한 마음이 사라지고 주방은 신기한 소품이 많아 구경하는 재
미가 쏠쏠하다. 풍경이 보이는 다도 공간도 좋다!
숙소 옆에 있는 본채는 운영자가 거주하는데, 지내는 동안 불편
하거나 부담스럽지 않도록 신경 써준다. 빔빔하동은 하절기에
는 수영장을 이용할 수 있고, 동절기에는 아궁이에서 음식을 해
먹을 수 있다. 숙소에 요청하면 유료로 닭백숙 밀키트를 준비해
주는데, 아궁이로 직접 닭을 삶아 먹을 수 있어서 더욱 맛있고
새롭다. 머무르는 동안 마당에서 시간을 보내는 게 가장 좋았는
데, 마당이 워낙 넓어서 돗자리 깔고 쉬어도 좋고, 장작에 고구
마를 구워 먹으며 불멍을 해도 좋다. 하루만 있기엔 너무 아쉬
울 정도로 숙소에 즐길 거리가 많고, 특히 정동마을 자체가 예뻐
서 산책하기에도 좋으니 조용하면서도 독특한 숙소에서 하루를
보내보자.

맛있는 저녁과 알록달록한 테이블

산이 보이는 다도 공간

침대에 누워 바깥 풍경과 함께 찍으면 그림
같은 사진이 나온다. 침대 앞에 있는 흔들의
자에 앉아 사진을 찍어도 좋다.

숙소 이용 tip 1 수영장 옆 데크에서 돗자리를 깔고 마당 방향으로 사진을 찍어보자. 숙소
에 소품이 많아서 다양하게 이용할 수 있다.

2 아궁이 앞에 있는 의자에 앉아서 인물 사진을 남겨보자. 어린아이들은 아
궁이 옆 공간에 올라가서 사진을 찍으면 더욱 귀엽게 나온다.

3 다양한 식기 도구가 있는 알록달록한 주방에서 음식을 해먹으며 다채롭
고 산뜻한 하루를 보내자.

4 밤에는 숙소 내부에 불을 켜고 깜깜한 마당에서 사진을 찍으면 은은하고
분위기 있게 나온다.

마당에서 피크닉과 수영을 즐길 수 있다.

야외에 있는 다도 공간

주소 경남 하동군 화개면 목압길 39-2
인원 기준 인원 2인, 최대 인원 3인(이상 문의) / 독채 1개 운영
문의 에어비앤비 예약, 인스타그램 @dojae_stay
금액 13만 원대부터

stay

십리벚꽃길을 따라서 쭉 들어가다 보면 조용한 마을 안에 도재스
테이가 나온다. 차 생산을 하는 곳인데, 일반인들이 차 체험을 할
수 있게 되어있다. 작은방은 숙소로 운영하고 있는데 분위기가
좋아서인지 외국인도 종종 방문한다. 아담한 크기지만 부엌과 거
실, 침실까지 갖추어져 있다. 그중에서 핵심은 야외 다도 공간이
다. 그곳에 가만히 앉아있으면 나뭇잎 소리와 계곡 물소리를 들
을 수 있다. 마트나 음식점이 꽤 거리가 있어서 머무르는 동안 불
편한 점도 있겠지만, 방해받지 않는 휴식을 하고 싶은 사람에게
꼭 추천한다. 저녁에는 풀벌레 소리가 들리고 이른 아침에는 닭
우는소리와 새 지저귀는 소리가 들린다. 잠귀가 예민한 사람을
위해 귀마개도 준비해 준다. 도재스테이에 머무르면 차담도 신청
할 수 있는데, 직접 만든 다식과 차를 내어주고 깊이 설명해 주니
입문자가 차를 즐기기에 도움이 될 것 같다. 1200년 차 역사가 넘
는 하동에서 30년 넘게 다원을 운영하는 명인의 이야기를 들으니
하동을 더욱 사랑하게 된다.

인생사진 tip 야외에 있는 다도 공간에서 차를 마시며 사진을 찍어보자. 어
느 계절에 가더라도 머무르는 동안 가장 애정 하는 공간이 될 것이다.

명인이 직접 내려주는 하동의 차와 다식

도재스테이의 외관. 계곡물 졸졸 흐르는 소리 들으며 산책해 보자.

아침이 되면 이 자리에서 차와 다식을 즐길 수 있다. 창문으로 보이는 마을 풍경이 참 예쁘다.

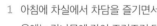 숙소 이용 **tip**

1 아침에 차실에서 차담을 즐기면서 바깥 풍경과 함께 사진을 남겨보자. 가을에는 감나무에 감이 주렁주렁 달린다.

2 숙소 밖에서 다도 공간 방향으로 사진을 찍으면 다른 세상처럼 나온다. 고요함과 여유로움이 가득 담긴다.

3 숙소 주변에 음식점이나 마트가 없기 때문에 미리 장을 보고 들어가야 한다. 배달이 가능한 몇 가지 음식이 있으니 숙소 운영자에게 추천을 부탁하자.

십리벚꽃길

4월 초가 되면 십리벚꽃길에 팝콘 같은 벚꽃이 핀다. 시기가 맞는다면 벚꽃을 보며 화개장터 축제에서 맛있는 음식을 먹어보자.

동
정
호

Spot

과거에는 방치된 생태습지였던 동정호, 산책로와 쉼터를 만들면서 어느 계절이든 사람들의 발걸음이 끊이지 않는 곳이 되었다. 무더운 여름이면 유럽 수국이 피어나고, 가을에는 핑크 뮬리가 노을처럼 아름답게 물들어서 더욱더 인기가 많다. 약 1km 길이의 호수 둘레길을 천천히 돌다 보면 소풍 나온 어린아이처럼 기분이 좋아진다. 꽃이 피지 않는 계절이라도 실망할 필요 없다. 동정호를 대표하는 포토존인 나룻배, 천국의 계단, 출렁다리에서 인생 사진을 찍어 보자. 노을이 질 때는 진풍경이 펼쳐진다고 하니 하동에 간다면 꼭 방문해 낭만적인 시간을 보내자.

걷다 보면 천국의 계단과 출렁다리가 나온다. 계단이 높고 출렁다리도 흔들려 스릴이 넘치지만, 사진을 찍으면 푸릇푸릇 예쁘게 나온다.

하
동

동정호의 나룻배 포토존

둘레길을 따라 아름답게 피어있는 유
럽 수국

인생사진 tip 나룻배의 높이가 꽤 높으니 조심하자. 나룻배에 걸터앉아 사진을 찍으면 멋진 사진을 찍을 수 있다. 특히 여름에 가면 나룻배 주변에 꽃이 피어나니 유럽 수국 개화 시기에 방문할 것을 추천한다.

평사리토지장터주막 명당자리

주소 경남 하동군 악양면 평사리길 56-15
시간 10:00 ~ 17:00(최참판댁 운영시간과 동일)
입장료 1인 2,000원

최참판댁은 상점과 먹거리를 이용하려면 입장료를 내야 하지
만, 하동에 간다면 꼭 둘러보아야 할 명소다. 특히 에스러운 모
습을 잃지 않은 평사리토지장터주막은 풍경도 좋고 맛도 좋아
꼭 방문해야 할 곳이다. 앉을 자리는 많지만, 풍경이 잘 보이는
명당자리는 몇 개 없어 은근히 자리 경쟁이 치열하다. 국밥과
해물파전이 가장 유명하고, 악양 막걸리까지 판매하고 있어서
간단하게 한잔하기 좋다.

주소 경남 하동군 화개면 신촌도심길 178-21
시간 10:00 ~ 17:00(화 · 수 · 목 휴무)
입장료 1인 5,000원(음료 포함)

한국의 치앙마이라고 불리는 하동의 명소 하늘호수차밭쉼터. 꼬불꼬불한 지리산 둘레길을 들어가다 보면 나무집이 하나 나온다. 운영자가 직접 만든 목가구들과 속이 뻥 뚫리는 지리산 풍경, 마냥 좋다고 반겨주는 강아지까지! 들어서는 순간부터 탄성이 나온다. 음료를 마시며 가만히 앉아있으면 풍경 부딪히는 소리에 웃음이 나오고, 온갖 스트레스가 풀리는 것 같다. 민박도 운영하니 기회가 된다면 하루 정도 쉬어 가도 좋겠다. 최근에는 종종 문을 닫는 경우가 있어 영업이 유동적이라 한다. 방문 전에 미리 확인해 보자.

하동

도심다원

다례체험을 할 수 있는 찻집으로 정금다원처럼 차밭이 산 위에 있다. 차밭 중심에는 자그마한 정자가 있는데 여기에서 피크닉을 하고 사진을 찍으며 차를 즐기는 것이 유명하다. 그렇지만 정자에서 피크닉을 하려면 꼭 예약을 해야 한다. 예약을 못하면 찻집에 앉아 차밭과 차를 즐길 수 있다.

삼성궁

환인, 환웅, 단군을 모시는 성전이자 수도장. 예로부터 전해 내려오는 선도를 이어받은 수련자들이 돌을 쌓아 만든 1,500개의 돌탑이 이국적인 분위기를 연출한다. 에메랄드빛을 자랑하는 두 개의 연못이 있고 그와 어울리는 예쁜 나무들이 많다. 가을에는 단풍이 곱게 물들어 더욱 아름답게 느껴진다.

주소 경남 하동군 화개면 신촌도심길 43-22

주소 경남 하동군 청암면 삼성궁길 2
전화 055-884-1279

스타웨이하동

별 모양을 모티브로 만들어진 스타웨이하동의 스카이워크는 철망이 듬성듬성 쳐져 아찔하게 느껴질 수 있지만 평사리 들판과 섬진강 물줄기를 내려다볼 수 있는 감동적인 구조물이다. 하동 풍광을 한눈에 담을 수 있으며 바람이 많이 불어 머리카락이나 옷자락이 날리는 모습을 사진으로 찍어도 분위기 있게 나온다.

주소 경남 하동군 악양면 섬진강대로 3358-110

정금다원

하동은 다원이 유명한데 여느 다원처럼 평야에 차를 심은 것이 아니라 나지막한 산에 심어 차가 익기 시작할 무렵에는 장관이 펼쳐진다. 차를 타고 올라갈 수 있고 정상에 작은 정자가 있는데 그곳에서 바라보는 녹차밭 풍경이 근사하다.

주소 경남 하동군 화개면 정금대비길 11

최참판댁

평사리 논길을 따라 들어가면 들판 가운데에 소나무 두 그루가 서있고 자락에 초가들이 늘어서 있다. 산 중턱에는 커다란 기와집이 있는데, 그것이 소설 〈토지〉의 배경이 된 최참판댁이다. 사랑채 대청마루에 올라앉으면 평사리 넓은 들판이 한눈에 들어온다. 구경거리가 다채로우니 꼭 가보기를 추천한다.

주소 경남 하동군 악양면 평사리길 66-7
전화 055-880-2383

매암제다원

정금다원이나 도심다원과는 달리 평야에 있다. 산책하며 차를 마실 수 있으며 예쁜 사진 스팟이 많다. 특히 전통 문양으로 된 문을 열고 녹차밭을 바라보며 사진을 찍는 것이 유명하다.

주소 경남 하동군 악양면 악양서로 346-1 매암다원문화박물관

주소 경북 경주시 서악2길 46-11
인원 기준 인원 2인, 최대 인원 5인 / 독채 1개 운영
문의 네이버 예약, 인스타그램 @daysun_stay
금액 29만 원대부터

stay

낮은 시선으로 바라보자는 의미에서 지어진 이름 스테이낫선. 마당이 넓은 한옥 독채 숙소로 아이들을 위해 축구, 배드민턴을 즐길 수 있도록 다양한 도구를 준비해 놓고 있다. 취침을 위한 본채와 요리를 위한 주방 별채가 따로 있고, 한가운데에 노천탕이 있어서 따뜻하게 피로를 풀기 좋다. 마당에는 캠핑 용품이 가득한 바비큐장이 있고 텃밭에서 키운 채소를 직접 뜯어 쌈으로 먹을 수 있다. 아이들과 함께 간다면 소소한 체험이 또 다른 즐거움이 될 수 있을 것 같다.

황리단길과는 거리가 조금 있지만, 서악동의 매력에 한 번 빠지면 헤어 나올 수 없을 것 같다. 조용하면서도 구경할 여행지도 많고 산책하기 좋으며 대표 관광지와도 멀지 않다. 특히 한옥의 미를 살린 스테이낫선에서 음식도 만들어 먹고, 활기찬 놀이도 하고, 사랑하는 사람과 노천탕에 들어가 별을 보며 하루를 보내보자.

아이들을 위한 모래 정원과 장난감

정원이 보이는 다도 공간

캠핑장 같은 바비큐장

 숙소 이용 tip

1 바비큐장에 다양한 캠핑 용품이 구비되어 있어 캠핑을 자주 접하지 않은 사람이라면 특별한 경험이 될 것이다.

2 아이들이 좋아하는 공간이 많으니 모래 정원과 마당에서 즐거운 시간을 보내보자.

3 야외 노천탕에서 따뜻하게 몸을 녹여보자. 특히 밤에 이용하면 풀벌레 소리가 들려 더욱 운치 있다.

작은 텃밭과 꽃이 있는 마당. 이곳에서 피크닉을 즐겨도 좋다.

주소 경북 경주시 서악2길 23
주차 서악서원 전용 주차장 이용 가능
입장료 없음

Spot

경상북도 기념물 제19호로 지정되어 있는 서악서원. 가을이 되면 하얀 눈밭 같은 구절초가 피어나고, 봄이 되면 뒷길 도봉서당에 작약이 핀다. 서악서원은 흥선 대원군의 서원 철폐령에도 폐쇄되지 않고 남은 47개 서원 중 하나로 서악동에 간다면 꼭 들러볼 것을 추천한다. 한 바퀴 돌아보며 산책하기에도 좋고, 잠시 앉아 커피 한 잔 마셔도 좋다.

인생사진 tip 서악서원 산책길 중 가장 높은 곳에 올라가서 사진을 찍으면 넓고 예쁘게 나온다. 중간중간 들어갈 수 있는 길이 있으니 꽃을 밟지 않도록 조심하자.

주소 경북 경주시 서악2길 32-16
시간 11:00 ~ 18:00(수 휴무)
주차 근처 서악큰마을 경로회관 주차장 이용 가능

서악동을 산책하다 보면 만날 수 있는 누군가의책방. 좌석도 몇 없는 책방이지만 조용하고, 아늑한 공간에서 나만의 시간을 가질 수 있다. 천천히 책 하나하나 구경하면서 마음에 드는 책이 있다면 잠시 앉아서 읽어도 좋다. 대청마루에 나가 앉아서 마당 구경도 하고, 서악동의 풍경을 바라보며 쉬다 보면 다양한 감정이 올라온다. 한옥 책방이지만, 그다지 고풍스럽지 않고 아기자기하게 꾸며져 서악동만의 분위기를 담을 수 있다.

Spot

경주

✳

107

무열왕릉

신라 제29대 임금 태종 무열왕의 무덤으로
무열왕의 이름은 너무나 잘 알려진 '김춘
추'이다. 천명공주와 김용수의 아들이고 덕
만(선덕여왕)의 조카이다. 덕만이 왕이 되
는데 결정적 역할을 했으며 삼한통일을 이
루는 중요한 인물이다. 비석은 훼손되었으
나 이것을 받쳤던 장식에 '태종무열대왕지

비'라 새겨져 누구의 무덤인지 정확히 알게
되었다고 한다. 서악동에는 무열왕릉을 포
함해 진흥왕·진지왕·문성왕·헌안왕·법
흥왕 등 6개의 왕릉이 있다. 역사적인 배경
때문이 아니더라도 푸른 잔디와 예쁜 꽃들
이 어우러지는 봄이라면 꼭 들러볼 것을 추
천한다.

주소 경북 경주시 서악동 842
전화 054-750-8614
입장료 성인 기준 2,000원

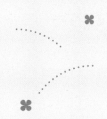

오릉

《삼국사기》에는 신라 시조 박혁거세와 알영
왕후·남해왕·유리왕·파사왕의 무덤이라
하고, 《삼국유사》에서는 박혁거세가 왕이 된
지 62년 만에 하늘로 올라갔다가 몸이 흩어
져 땅으로 떨어지고 왕후가 따라 죽었는데,
이를 같이 묻으려 했으나 큰 뱀이 방해해서
다섯 부분을 각각 묻은 것이라 전한다. 그래
서 이것을 오릉 혹은 사릉(뱀의 무덤)이라고
도 부른다. 봄에는 목련 스팟으로 유명하다.

주소 경북 경주시 포석로 907
전화 054-750-8614

양동마을

우리나라에서 가장 큰 규모와 오랜 역사를
지니고 있는 대표적인 양반 집성촌. 마을
규모나 보존 상태, 문화재 수와 건축사적 가
치, 유교적 정신 유산과 전통 양반문화, 자
연환경이 훌륭해 1984년 국가민속문화재
189호로 지정되었다. 2010년에는 유네스코
세계문화유산으로 등재되었다. 봄, 여름,
가을, 겨울 할 것 없이 모든 계절이 다 아름
답다.

주소 경북 경주시 강동면 양동리 125
전화 054-762-2630
홈페이지 yangdong.invil.org

주소 경북 포항시 남구 동해면 호미로 2814
인원 기준 인원 2인, 최대 인원 4인 / 독채 1개 운영
문의 인스타그램 @seonbau_stay
금액 24만 원대부터

stay

바다가 보이는 선바우집은 시골 할머니 댁 같은 외관이다. 선바
우집은 지붕이 빨갛고 마당 곳곳에 알록달록 꽃이 피어있는데
그래서인지 들어서자마자 기분이 좋아진다. 실내에는 침대방
과 온돌방 총 2개의 방이 있는데, 온돌방에 빔프로젝터가 있어
서 재밌는 영상을 볼 수 있다. 복도는 통유리창으로 바다가 보이
는데, 바로 옆에 책이 많고 의자도 놓여있다. 바다를 바라보면서
책을 보다가 마당에 돌아다니는 고양이 세 마리와 놀기도 하고
바닷가로 내려가서 산책하고 쉬엄쉬엄 풍경에 젖어보자. 하루
종일 앉아서 숙소 근처 풍경만 보고 있어도 전혀 심심하지 않다.
특히 개인적으로 숙소 윗길에서 숙소를 내려다보는 경치가 가장
좋았다.
바다가 보이는 평상에 앉아 바비큐를 먹고 바닷가를 걸어가는
사람, 낚시하는 사람, 이야기하는 사람들을 보고 있자니 영화 속
에 들어와 있는 것 같았다. 아침에 들려오는 파도 소리, 부지런
히 지저귀는 새, 아쉬운 듯 배웅하는 고양이 모두… 오랜 시간
기억에 남을 것 같다.

입실하면 숙소 운영자의 반가운 편지가 놓여
있다.

바다와 책을 볼 수 있는 복도

마당에 사는 고양이. 직접 밥을 챙겨줄 수 있다.

 숙소 이용 tip

1 식탁 앞 찰랑거리는 숲 풍경이 예쁘니 차와 커피를 마시면서 즐겨보자.
2 사람을 잘 따르는 고양이들이니 숙소에 비치되어있는 사료를 주며 교감해
   보자.
3 평상에 앉아 바다 방향으로 사진을 찍으면 예쁘게 나온다. 윗길에서 찍어
   도 좋은데 차가 다니는 길이니 조심하자.
4 바다가 보이는 실내 복도 의자에 앉아서 사진을 찍어보자. 특히 일몰이 아
   름다우니 저녁 사진을 찍어도 좋다.

고양이들과 함께하는 바다 구경

주소 경북 포항시 북구 죽장면 수석봉길 145
시간 11:00 ~ 18:00(화 휴무, 매월 마지막 주는 월·화 휴무)
주차 선류산장 입구 전용 주차장 이용 가능

꼬불꼬불 산길을 올라가면 카페 겸 음식을 파는 선류산장이 나온다. 경치가 좋아서 어느 자리에 앉아도 가슴 시원한 풍경을 볼 수 있다. 차와 커피, 그리고 가래떡과 전 등을 판매하는데 하나하나 다 맛있고 예쁜 그릇에 담아준다. 야외에 앉아있으면 무더운 여름에도 산바람이 시원하다. 유명한 포항 관광지와는 떨어져 있지만 꼭 한번 방문할 것을 추천한다. 홍시스무디는 선류산장의 시그니처라고 해도 과언이 아닐 정도로 인기가 많다. 선류산장에 간다면 꼭 먹어보자. 모든 계절이 다 좋지만, 특히 비가 올 때 가장 아름답다고 한다.

홍시스무디와 다양한 음식들

인생사진! tip 경치가 좋은 곳이니 야외에 앉아 사진을 찍자. 전망대도 있고 실내도 예쁜 곳이라 어디에서 사진을 찍어도 인생사진을 건질 수 있다.

이가리 닻 전망대

푸르른 바다를 볼 수 있는 전망대. 해양도시 포항의 특색에 맞게 닻을 형상화했다. 닻은 독도 수호 염원을 담아 독도를 향하게 했다고 한다. 푸른 바다와 어우러지는 소나무 군락이 아름답다.

주소 경북 포항시 북구 청하면 이가리 산67-3
전화 054-270-3204

사방기념공원

자연재해를 방지하기 위해 나무를 심고 강둑을 높이는 사방공사 100주년을 기념하여 조성한 공원이다. '갯마을 차차차' 드라마 촬영지로 유명하며 묵은봉 정상에 드라마 주인공 홍반장의 배 '순임호'가 있다. 많은 사람들이 배를 배경으로 사진을 찍는다.

주소 경북 포항시 북구 흥해읍 해안로 1801

해상스카이워크

바다 위를 걸을 수 있는 구조물로 야경이 아름답다. 수심이 얕고 물이 깨끗해 맑은 날에는 바닷속이 훤히 들여다 보인다. 구조물 중앙이 유리로 되어 있어 스릴을 느낄 수 있다.

주소 경북 포항시 북구 해안로 518

오어사

신라 진평왕 때 지은 절로 《삼국유사》에 나오는 절 중 몇 안 되는 현존하는 사찰이다. 혜공·원효·자장·의상 등의 승려가 기거했다고 한다. 주변에는 오어지라는 저수지가 있는데 호수의 둘레길을 걷다가 방문하기 좋다.

주소 경북 포항시 남구 오천읍 항사리 산28-14
전화 054-292-2083

400년 역사를 품은 옻골마을은 대구에 사는 사람들도 잘 모를 정도로 관광지가 된 지 얼마 안 된 곳이다. 여러 가족이 모여 살던 집성촌이지만 현재는 숙소로 운영되고 있다. 마을 초입에는 커다란 회화나무가 오랜 세월을 굳  건히 지키고 있고, 식당과 카페는 물론, 숙박하는 사람들을 위해 다양한 체험을 진행하고 있다. 또한 이 마을의 옛 담장은 '전국 10대 아름다운 돌담길'에 선정되었다고 한다. 돌담길을 따라 들어가면 방문객 인원수에 맞는 숙소를 안내해 준다. 숙소에 머무는 동안 머그컵 만들기와 보자기 체험을 할 수 있고, 저녁을 먹고 난 후에는 해설사가 진행하는 마을 탐방을 할 수 있다. 옻골마을의 야경을 보며 400년 동안의 역사를 듣는 경험은 정말 특별하다. 조식으로 마을에서 수확한 과일과 다과가 나온다. 마루에 앉아 한옥 풍경을 바라보며 느긋하게 조식을 즐겨보자. 숙박하지 않더라도 자유롭게 돌아볼 수 있으니 산책하러 가도 좋다.

옻골달밤의 사랑채 체험

서까래와 풍경이 조화롭다.

마루에 앉아서 옻골마을의 풍경을 감상하자.

숙소 이용 tip

1 이른 아침, 맛있는 조식이 도착하면 마루에 걸터앉아 사진을 남겨보자.

2 마당과 산책길 곳곳에 돌담이 있으니 한옥 풍경과 함께 사진을 찍어보자.

3 오랜 세월 동안 마을을 지켜주던 나무숲에 서보자. 단풍이 물들면 장관을 이룬다.

밤에 더욱 예뻐지는 옻골달밤

대구 가 볼 만 한 곳

이곡 장미공원

달서구 이곡동에 있는 장미를 테마로 한 근린공원으로 면적이 15,000㎡ 정도로 규모가 크다. 해마다 5월이 되면 장미축제가 열리는데 장미가 이렇게 다양했나 싶을 정도로 종류가 많다.

옥연지 송해공원

송해 선생의 이름을 따 명칭 한 곳. 봄이 되면 튤립과 풍차의 조합이 예사롭지 않다. 송해공원이 매우 넓은데 개인적으로 옥연지 근처를 가장 추천한다. 이외에도 둘레길 테크, 백년 수중다리, 바람개비 쉼터, 전망대, 금동굴, 얼음 빙벽 등 볼거리가 많다.

주소 경북 대구 달서구 이곡동 1306-6

주소 경북 대구 달성군 옥포읍 기세리 306

청라언덕

계명대학교 대구동산병원 옆에 있는 언덕
이자 관광명소로 선교사들이 머물렀던 곳
이다. 대구의 근현대사와 개신교, 가톨릭
역사를 한눈에 볼 수 있는데, 선교사 주택,
3.1운동 기념 계단, 사과나무, 대구제일교
회 등이 있다. 특히 제일교회 앞에는 봄이
되면 목련과 벚꽃, 등나무꽃이 차례로 피어
젊은이들의 사진 명소로 인기가 많다.

불로동고분군

삼국시대 앞트기식돌방무덤 등이 발굴된
무덤군으로 사진 스팟으로 유명하다. 신라
시대에 조성된 것으로 추정되는 무덤 수백
개가 군데군데 솟아있는데 울타리 없이 보
존되어 시원하게 풍경을 감상할 수 있다.
가장 대표적인 풍경은 무덤 사이에 솟아있
는 나 홀로 나무이고 해 질 녘 풍경이 아름
답기로 유명하다.

주소 경북 대구 중구 달구벌대로 2029

주소 경북 대구 동구 불로동 산1-16

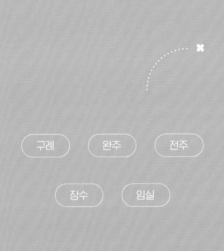

구레　　완주　　전주

장수　　임실

2

전라도의
촌캉스

전라도는 누가 뭐래도 맛의 천국이다. 고향의 맛이 물씬 나는 음식을
먹고 지친 몸과 마음을 위로하고 싶다면 식도락의 대표 여행지 전라
도로 떠나보자. 푸르름이 넘치는 자연 속 숙소, 시끌벅적 즐길 거리가
많은 숙소, 주변에 두둑이 배를 채울 수 있는 먹거리가 많은 숙소. 다
양한 숙소와 놀거리가 많은 전라도에서 보내는 하루가 더욱 특별할
것이다.

섬진강의 풍경을 보며 쉼을 즐길 수 있는 구례 수풀림펜션. 행정
구역은 구례지만, 구례 시내보다 하동 화개장터랑 조금 더 가깝
다. 총 8개 객실을 운영하고 있고, 독채 형태가 아니기 때문에 다
른 숙박객과 마주칠 수도 있다. 하지만 많은 사람들과 마당을 공
유하면서 어울리는 색다른 즐거움도 있다. 숙소에서 커피도 판
매하고 있어서 멀리 나갈 필요 없이 얼음 동동 띄운 커피를 마실
수 있고, 무인 판매점에서 간단한 저녁 재료도 구매할 수 있다.
자전거도 대여해 주고 있으니 시원한 바람을 맞으면서 천천히
화개장터까지 달려보자.

수풀림펜션의 핵심은 마당 돌판 바비큐이다. 노을진 섬진강을
바라보면서 먹는 돌판 바비큐, 풍경도 맛도 환상적이다. 살면서
돌에 고기를 구워 먹는 경험을 몇 번이나 할 수 있을까? 흥미로
운 경험이 가득한 이곳이라면 더욱 재미있고 새로운 촌캉스를
즐길 수 있을 것이다. 조식은 차에 밥을 담근 오차즈케와 간단한
밑반찬이 제공된다. 테라스에서 조식을 먹으며 개운한 아침을
맞이해보자.

숙소 내 카페에 있는 야외 테라스

산과 섬진강이 보이는 침실

푸릇푸릇한 야외 바비큐장

 숙소 이용 tip

1 숙소에서 빌려주는 자전거를 타고 섬진강을 따라 달려보자. 화개장터
   방면으로 가다 보면 섬진강을 배경으로 한 휴게소가 나와 주전부리를
   먹을 수 있다.

2 무인판매점에서 다양한 주류를 판매하고 있다. 흔하게 볼 수 없는 주류도
   있으니 이용해 보자.

3 해가 지기 전에 바비큐를 시작할 것을 추천한다. 밝을 때와 노을 질 때, 어
   두울 때의 숙소 분위기가 모두 다르다.

자리마다 돌판이 놓여있는 야외 마당. 밤이 되면 조명이 켜지고 음악이 흘러나온다.

주소 전남 구례군 산동면 위안리
주요 마을 상위마을, 하위마을, 현천마을, 반곡마을, 월계마을 등

산수유마을

매년 3월이 되면 구례는 산수유축제가 열려 온통 노란 꽃으로
덮인다. 축제 기간에는 먹거리 장터가 열리고 공연도 많아서 시
끌벅적한 재미가 있다. 가장 높은 곳에 있는 상위마을에서부터
시작해 반곡마을, 현곡마을을 순서대로 구경하면 좋다. 특히 상
위마을에서는 노랗게 물든 마을 전경을 한눈에 볼 수 있으니 꼭
방문할 것을 추천한다. 가을이 되면 새빨간 산수유 열매가 열리
니 가을 여행으로도 좋다.

구례

광양매화마을

주소 전남 광양시 다압면 섬진강매화로 1563-1
전화 061-772-9494
주차 매화주차장, 섬진주차장, 도사주차장, 둔
치주차장 이용 가능
홈페이지 maehwa.invil.org

산수유마을에서 멀지 않은 곳에 광양 매화마을이
있다. 시기만 잘 맞으면 산수유와 매화를 동시에 구
경할 수 있다. 매화마을은 주차장이 복잡하니 사람
들이 몰리기 전에 먼저 방문하고 이후에 산수유마
을에 갈 것을 추천한다.

광양매화마을 전경

독특한 기법으로 기암절벽 위에 지어져 사찰에 오르면 사방이
한눈에 들어온다. CNN이 선정한 '한국의 아름다운 사찰 33'에
선정되었다. 정상에 서면 구례 전경이 한눈에 들어오는데 구례
최고의 뷰맛집이라고 해도 손색이 없을 정도이다. 규모는 작고,
주차 공간도 많지 않아 마을버스를 타고 올라가는 것이 좋지만,
구례에 갔다면 꼭 방문해야 한다.

사성암 진입 부분 해우소로 가면 오산활공장이 나온다. 일몰 즈음에 가면 붉은 노을로 물든 풍광
이 매우 아름답다. 경치도 좋고, 사진 찍기 좋으니 사성암과 함께 꼭 들러보자. 단, 경사가 높으니
올라갈 때 유의하자.

섬진강 대나무숲길

더운 날도 대나무숲길 사이에 있으면 바람이 불고 향긋한 냄새가 난다. 여유롭게 산책하며 쉴 수 있는 숲길로 가족, 연인, 친구와 함께 가면 근심은 사라지고 행복은 배가 될 것이다.

주소 전남 구례군 구례읍 원방리 1

화엄사

영화 '명당' 촬영지인 화엄사는 꼭 영화가 아니라도 지리산 풍경과 산세가 아름답기로 유명하다. 특히 사찰 한 가운데에서 피는 흑매화는 봄이 되면 많은 사진가를 불러들인다. 흑매화뿐 아니라 홍매화도 인기가 많다.

주소 전남 구례군 마산면 화엄사로 539

천은사

지리산 3대 사찰 중 하나로 드라마 '미스터선샤인' 촬영지로 유명해졌다. 청류계곡과 어우러지는 수홍루 풍경이 아름답다. 물소리와 새소리, 청량한 경치가 마음을 평화롭게 한다.

주소 전남 구례군 광의면 노고단로 209

지리산치즈랜드

봄이 되면 구만제 주변으로 노란 수선화가 만개한다. 푸른 하늘과 호수, 그리고 노란 수선화의 조합은 두말할 나위 없이 아름답다. 치즈 만들기 체험이 유명했는데 코로나로 중단되었다. 다시 할 수 있길 바라본다.

주소 전남 구례군 산동면 산업로 1590-62

철거 위기에 있다가 포항에서 이축해 온 여일루

주소 전북 완주군 소양면 송광수만로 472-23
인원 기준 인원 2인, 최대 인원 4인 / 객실 9개 운영
문의 네이버 예약, 인스타그램 @soyang_hanok
금액 26만 원대부터

Stay

철거 위기에 놓였던 180년 된 고택 3채를 이축하면서부터 시작
된 소양고택. 전통한옥을 그대로 보존하고 다양한 체험과 추억
을 제공하려고 노력하는 한옥 숙소이다. 어느 객실에서든 아름
다운 경치를 볼 수 있는데, 대청마루에 앉아 웰컴 티를 즐기다
보면 나뭇잎의 팔랑거리는 소리가 들려 치유 받는 느낌이 든다.
소양고택은 플리커책방과 두베카페도 함께 운영하고 있는데, 숙
소를 이용하지 않아도 자유롭게 드나들 수 있다.
운영자의 정성스러운 보살핌으로 숙소 곳곳에 예쁜 꽃이 가득하
다. 봄에는 벚꽃, 여름에는 수국과 장미가 피어난다. 또한 종남
산을 배경으로 하고 있어 사계절 내내 아름다운 풍경을 자아낸
다. 두베카페는 이 산을 배경으로 작은 돌담길이 있는데 여행객
들이 이곳에서 사진을 많이 남긴다고 한다. 조식으로 카페에서
누룽지와 다양한 반찬을 제공하는데, 텃밭에서 직접 재배한 채
소와 주변 농가 음식으로 만들어진다. 건강하고 정성스러운 한
끼를 먹으니 기분 좋은 하루를 시작할 수 있을 것 같다. 감각적
인 공간미과 전통미를 느낄 수 있는 소양고택. 완주에 간다면 꼭
방문해 보자.

편백 온천과 티 테라피가 있는 여일루

소양고택에서 제공하는 조식과 후식

한옥마다 넓은 마당이 있어서 자유롭게 거
닐 수 있다.

숙소 이용 ^{tip}

1 다양한 한옥과 돌담을 보면서 소양고택 주변을 산책해 보자.
2 입실 전에 웰컴 티를 제공하니 일찍 가서 책방도 구경하고 카페에 앉아 쉬
   어도 좋다.
3 한옥마다 서로 다른 이야기가 담겨있고 방 구조도 다르니 취향에 맞게 예
   약하자.
4 저녁에는 대청마루에 앉아서 종남산 너머로 아름답게 지는 노을을 감상
   해 보자.

북두칠성의 첫 번째 별 이름이라는 두베카페. 연못과 징검다리가 예쁘다.

사잔 스팟으로 유명한 아치형 석문

위
봉
산
성

Spot

위봉산성은 조선 후기에 축성되어 산봉우리를 중심으로 주변 계곡 일대를 따라 쌓은 포곡식 산성이다. BTS 촬영지로 알려지면서 최근 관광객이 더 늘어났다. 아치형 석문이 유명한 사진 스팟이니 사진도 찍고 산성을 따라서 산책해 보자. 근처에 위봉폭포가 있는데, 높이 60m에 2단으로 쏟아지는 멋진 물줄기 때문에 완산 8경에 드는 절경이다. 산책하기에도 좋은 거리이니 천천히 위봉마을 둘러볼 것을 추천한다.

인생사진 tip 아치형 석문 위에 앉거나 서서 사진 찍는 것이 가능하다. 산성 따라 올라가서 높은 곳에서 경치를 바라보며 사진을 찍으면 좋다.

완
주
✳

위봉폭포

위봉폭포 주차장에서 시작되는 긴 계단을 내려가면, 보기만 해도 시원한 폭포가 있다. 위봉마을
에서 멀지 않으니 함께 둘러보면 좋겠다.

오성한옥마을

20여 채의 주민들이 실거주하고 있는 한옥마을, 카페와 갤러리, 체험 부스 등이 있는 관광지다. 종남산과 위봉산이 병풍처럼 둘러싸여 있어서 근사하게 느껴진다. 체험할 공간이 많이 생겨나면서 힐링 장소로 인지도가 높아졌다.

주소 전북 완주군 소양면 송관수만로 472-23

공기마을 편백나무숲

1976년에 조성된 산지에 10만여 그루의 편백나무, 삼나무, 낙엽송이 식재된 마을. 피톤치드 향기가 가득한 편백나무숲에서 힐링할 수 있는 곳이다. 6km 길이의 산책로를 거닐며 울창한 숲에 앉아서 쉬어가고, 유황 족욕탕에서 힐링하는 시간도 가져보자.

주소 전북 완주군 상관면 죽림리 산 214-1
입장료 성인 기준 5,000원

대아저수지

완주 8경 중 하나. 평야에 물을 대기 위해 댐을 쌓아 만든 인공 호수로 우리나라 최초의 근대식 저수지이다. 드라이브 코스로 유명했던 곳이지만, BTS 촬영지로 더 유명해졌다. 가을에 방문하면 절경을 볼 수 있다.

주소 전북 완주군 동상면 대아리

삼례문화예술촌

일제강점기 시대에 호남 지방의 아픈 역사가 담겨있는 곳이다. 양곡 적재를 위한 목조구조 건물인데, 잘 보존돼 있어 등록문화재로 지정되었고 현재는 복합문화공간으로 무료로 관람할 수 있다.

주소 전북 완주군 삼례읍 삼례역로 81-13
홈페이지 www.samnyecav.kr

주소 전북 전주시 완산구 중인2길 25-48
인원 기준 인원 4인, 최대 인원 10인 이상 가능 / 독채 1개 운영
문의 네이버 예약, 인스타그램 @travel_moa
금액 32만 원대부터

Stay

푸른 정원과 대나무숲이 있는 숙소. 우리가 사랑하는 여행을 지
속하려면 친환경 제품을 꼭 사용해야 한다고 생각하고 실천하는
숙소다. 숙소에는 일회용품을 전혀 볼 수 없고, 전부 친환경 제
품으로 꾸려져 있다. 숙소 입구에 친환경 비누와 고체 치약을 구
매할 수 있는 무인 판매대가 있는데 숙소에서 제품을 써보고 구
매해 보는 것도 좋겠다. 거실에는 대나무숲이 보이는 통창이 있
고, 실제로 연주할 수 있는 피아노가 비치되어 있다. 거실 천장
이 아주 높아서 숙소 내부가 웅장하다. 거실에서 빔프로젝터를
통해 영상을 시청하면 마치 영화관에 온 듯한 기분이 든다. 독서
할 수 있는 서재와 넓은 풍경이 보이는 테라스, 뛰어놀 수 있는
마당까지 다양한 아름다움과 재미가 어우러지는 곳이다.
숙소 운영자는 매달 사회 문제에 힘쓰는 사람들에게 공간을 기
부하기도 하고, 다양한 체험을 할 수 있는 프로그램을 운영하기
도 한다. 미리 신청하면 퇴실하는 날에 요가 체험도 할 수 있다.
60분간 요가를 통해 마음의 평화를 찾은 뒤 차담까지 즐기고 와
도 좋겠다.

숙소 입구에 친환경 제품을 구입할 수 있는 무인 판매대가 있다.

다양한 책이 놓인 방. 흔들리는 대나무를 보며 독서하기 좋다.

마당이 넓어서 뛰어놀기 좋고 피크닉 하기에도 좋다.

숙소 이용 tip

1 제로웨이스트 숙소이니 머무는 동안만이라도 친환경 제품을 사용해 보자.

2 거실에서 음악도 듣고, 피아노도 치고, 빔프로젝터로 영화도 볼 수 있다.

3 기회가 된다면 요가 체험을 신청해 일상 속 지친 몸의 피로를 풀어보자.

4 한옥마을이 멀지 않아 저녁 식사 거리를 포장해 오기 좋다. 숙소에 있는 용기를 가지고 가서 포장해 오면 더 좋다.

거실에 피아노와 스피커, 빔프로젝터가 있어서 곡을 직접 연주하거나 들을 수 있다.

주소 전북 전주시 완산구 원색장길 2-15
시간 11:00 ~ 21:00

색
장
정
미
소

전주 색장마을에 위치한 색장정미소 카페. 애니메이션에서 볼 법한 빨간 지붕과 멋진 풍경이 있는 곳이다. 100년 된 정미소를 복원하여 카페로 운영 중인데, 100년이라는 긴 시간이 깃든 장소와 골동품을 구경하는 재미가 쏠쏠하다. 2층 지붕에서 사진 촬영이 가능하다. 조심스럽게 올라가서 인생 사진을 남겨보자.

전
주

완산칠봉꽃동산

4월이 되면 겹벚꽃과 철쭉의 아름다운 조합을 볼 수 있는 꽃동산이다. 한옥마을이 한눈에 내려다보이는 전망대가 있어 산책하기에도 좋다. 화려한 겹벚꽃이 수없이 피어 터널처럼 형성된 곳이 있는데, 이곳이 가장 유명한 사진 스팟이다.

자만벽화마을

한국 전쟁 당시 피난민들이 승암산 아래에 정착하며 형성된 마을. 2012년 녹색 둘레길 조성으로 인해 벽화가 그려지면서 인기가 많아졌다. 산책하며 사진 찍기 좋은 벽화가 곳곳에 있고, 특히 한옥마을이 근처에 있어서 함께 가기 좋다.

주소 전북 전주시 완산구 동완산동 산124-1

주소 전북 전주시 완산구 교동 50-158

한국도로공사 전주수목원

고속도로를 건설할 때 불가피하게 훼손되
는 자연환경을 복구하기 위해 조성된 수목
원. 10만 평 부지에 약 3,700여 종의 식물이
전시되어 있어 볼거리가 넘쳐난다. 계절마
다 예쁜 꽃이 피고 수생식물원 주변으로 경
치가 좋다.

전주향교

국내에서 가장 유명한 향교. 650년 역사의
굴곡을 겪으면서도 고유문화를 전승하고
미풍양속을 이어온 자랑스러운 곳이다. 오
늘날에는 가을에 노랗게 물드는 420년 된
은행나무 때문에 발걸음이 끊이지 않는다.

주소 전북 전주시 덕진구 번영로 462-45
홈페이지 www.ex.co.kr/arboretum

주소 전북 전주시 완산구 향교길 139

긴물찻집과 긴물스테이를 함께 운영하는 곳. 15년간 찻집만 운영해오다가 최근 숙소까지 운영하게 되었다. 숙소 내부는 아담하지만 넓은 마당과 텃밭이 있어서 좁다는 생각이 전혀 들지 않는다. 입실 후에는 주변을 산책하

Stay

Cafe

거나 풀밭에서 피크닉을 해도 좋다. 숙소에 머무는 기간에는 긴물찻집의 음료가 무한 제공되니 마음껏 즐겨보자. 꽃으로 장식한 피자와 떡볶이도 판매하니 음료와 함께 즐겨보자. 저녁에는 텃밭에 가서 쌈 채소를 수확한 뒤 솥뚜껑 바비큐를 해보자. 이런저런 식재료가 모자랄까 방문객을 챙겨주는 숙소 운영자 덕분에 저녁 식사가 풍족해진다. 아침에는 된장찌개를 끓여 먹자. 방문객들이 든든한 밥 한 끼 먹고 가길 바라는 마음으로 숙소 운영자들이 냉장고에 된장찌개 재료를 가득 담아 두었으니 말이다. 따뜻한 아침을 차려 먹고, 숙소 주변을 한 바퀴 돌면서 장수여행을 마무리해 보자.

프라이빗하게 사용할 수 있는 숙소 외관

아늑하고 정겨운 긴물찻집의 내부

직접 아궁이에 불을 지펴 솥뚜껑에 고기를 굽
는다.

숙소 이용 **tip**

1 찻집 입구에 있는 자리에 앉아 음료를 마시자! 야외공간이 예뻐서 사진을
  찍으면 좋다.

2 쌈 채소는 사지 말고 숙소에 있는 텃밭을 이용하자. 숙소 운영자가 만든
  쌈장과 함께 먹으면 건강한 맛을 느낄 수 있다.

3 숙소를 이용하지 않아도 언제든 찻집 방문이 가능하니 장수 여행을 떠난
  다면 꼭 들러보자.

숙소를 이용하는 동안 음료가 무한 제공되니 야외에서 마음껏 즐겨보자.

순둥이 강아지 장군이와 함께 보내는 시간

뜬봉샘생태공원

금강의 발원지인 뜬봉샘. 뜬봉샘의 물이 전북, 충북, 충남 등 각 지역으로 약 400km를 흘러 바다의 일부가 된다. 다양한 생물도 볼 수 있는 넓은 생태공원이고, 5인 이상 방문하면 숲 해설가의 설명도 들을 수 있다.

주소 전북 장수군 장수읍 수분리 산
    39-3
전화 063-350-2549

논개사당

임진왜란 때 진주 촉석루에서 일본군 장수 게야무라 로꾸스케를 껴안고 의롭게 죽은 주논개의 영정을 모신 사당이다. 원래 남산공원에 지어졌으나 1974년에 장수로 확장 이전하였다. 의암호와 인접한 사당 풍경이 아름답다.

주소 전북 장수군 장수읍 논개사당길
    41

장안산

가을에 가면 억새꽃이 만발해 장관을 이룬다. 높이 1,237m로 꽤 높은 산이지만, 무룡고개에 있는 등산로 입구 지대가 높고 산으로 가는 길이 완만

주소 전북 장수군 계남면

해 초보자도 가볍게 다녀올 수 있다. 왕복 2시간 정도 걸리고, 정상 직전에 있는 억새밭 전망대가 가장 아름답다.

주소 전북 임실군 덕치면 천담2길 212-12
인원 기준 인원 2인 / 객실 2개 운영
문의 에어비앤비 예약, 인스타그램 @staybaenae
금액 16만 원대부터

임실 섬진강 상류에 위치한 숙소. 산으로 둘러싸인 시골 풍경이
무척 아름다운 곳이다. 수채화 같은 산이 보이는 객실과 다락방
을 포함하고 있는 객실, 총 2개의 객실을 운영하고 있다. 숙소 내
부가 크지는 않지만, 확 트인 풍경이 보여 답답하지 않고 침실이
다락방 형태로 되어있어 아늑한 느낌이 든다.
또한 이곳은 좋은 향기와 햇살이 가득하고 섬세한 부분까지 신
경 써 주어서 기분이 좋아지는 숙소이다. 출산을 앞둔 엄마의 마
음으로 지구의 건강을 생각하며 강화 소창 수건과 대나무 칫솔,
천연 삼베 샤워타월을 준비했다고 한다. 책과 연필, 드로잉 북,
색연필도 있으니 방명록도 쓰고 그림도 그려보자. 저녁에는 마
당에 앉아 노을을 바라보며 식사를 하자. 아침에 일어나면 귀여
운 강아지 호야와 섬진강을 따라 산책해도 좋다.

그림이 걸려있는 것처럼 산 풍경이 아름다운
거실

캠핑 감성을 느낄 수 있는 바비큐장

깔끔한 주방과 침실로 올라가는 계단

 숙소 이용 tip

1 숙소 윗길로 올라가면 숙소와 산을 한눈에 담을 수 있다.

2 밤이 되면 숙소의 모든 불을 끄고 액자 같은 창문을 바라보자. 수없이 많
   은 별이 쏟아지고 있을 것이다.

3 방문객이 직접 핸드드립 커피를 내려 마실 수 있도록 도구가 마련되어 있
   다. 여유로운 티타임을 즐겨보자.

귀여운 강아지 호야와 뛰어놀 수 있는 마당. 아침에 일어나면 호야가 산책길을 안내해 준다.

주소 전북 임실군 운암면 운종리 472
입장료 없음

5월 중순이 되면 옥정호 주변으로 작약이 몽실몽실 피어난다.
수줍음이라는 꽃말을 가진 분홍빛 작약은 보기만 해도 사랑스
럽다. 이곳은 대지가 넓어서 다양한 곳에서 사진을 찍을 수 있
다. 에메랄드빛 옥정호와 작약을 함께 담으면 신비로운 느낌이
더해져 사진 스팟으로 이미 유명하다. 최근 임실 붕어섬 생태공
원에도 작약꽃밭이 생겼다고 하니 함께 둘러봐도 좋겠다.

인생사진 tip 벌이 꽤 많은 꽃밭
이지만, 일부러 건드리지 않는다면
벌은 사람을 공격하지 않는다고 한
다. 너무 걱정하지 말고 조심조심
꽃밭을 즐겨보자. 최대한 낮은 자세
에서 사진을 찍어야 꽃이 강조되어
예쁘게 나온다.

주소 전북 정읍시 산내면 산호수길 157
시간 10:00 ~ 18:00(월 휴무)

숲길을 따라 들어가면 나오는 조용한 카페. 행정 구역상 정읍에
속하지만, 임실 옥정호에서 차로 약 20분만 가면 된다. 넓은 정
원과 졸졸 흐르는 계곡, 가야금 음악이 흘러나오는 실내. 다양
한 찻잔과 빈티지한 소품을 판매하고 있어서 구경하며 시간을
보내기에도 좋다. 운영자가 직접 만든 진한 대추차와 임실 치즈
로 만든 피자의 조합이 생각보다 훨씬 좋다. 카페 맞은편에 쉬
었다 갈 수 있는 갤러리를 운영하고 있으니 꼭 들러보자.

©임실문화관광

옥정호 출렁다리

420m 길이의 거대한 다리. 출렁다리를 지
나면 붕어섬 생태공원도 함께 볼 수 있어
산책도 하고 관광도 할 겸 겸사겸사 가보면
좋다. 다양한 꽃과 사진 스팟이 많은데, 봄
에는 작약이, 가을에는 구절초가 피어 장관
을 이룬다.

주소 전북 임실군 운암면 입석리 413-1
입장료 성인 기준 3,000원

국사봉 전망대

옥정호는 1965년 섬진강댐이 건설되면서 생긴 인공 호수로 총 저수량 4억 6600만 톤에 이른다. 국사봉 전망대는 옥정호와 붕어섬을 한눈에 볼 수 있는데, 왕복 3~40분 정도 급경사를 올라야 하지만, 풍경이 좋으니 꼭 가볼 것을 추천한다.

임실치즈마을

벨기에에서 온 지정환 신부가 1967년에 산양 두 마리로 치즈 공장을 설립했다가 마을 주민들과 힘을 모아 지금의 치즈 원조 마을이 되었다. 치즈 피자와 치즈 농촌 체험 등 아이들과 함께 다양한 경험을 할 수 있는 마을이라 들러보기 좋다.

주소 전북 임실군 운암면 국사봉로 624
전화 063-644-7766

주소 전북 임실군 임실읍 치즈마을길 96
전화 063-643-3700
홈페이지 cheese.invil.org

인제 평창 춘천

영월 양양 원주 삼척

3

강원도의
촌캉스

도시에서의 삶을 잠시 미뤄두고 싶다면 강원도 여행은 어떨까? 숲길
에서 명상하고 철썩거리는 파도를 보며 산책하고 밤이 되면 은은하
게 빛나는 별구경까지! 강원도야말로 밤낮, 산과 바다 할 것 없이 보
고 듣고 즐길 거리가 많은 곳이다. 봄에는 알록달록 야생화와 산나물
을 접하고, 여름에는 시원한 계곡을 트레킹하고, 가을에는 빨갛게 물
든 설악산을 등반하고, 낭만적인 겨울 바다까지 즐길 수 있는, 사계절
내내 청량하고 아름다운 강원도로 떠나보자.

주소 강원 인제군 기린면 설피밭길 586
인원 기준 인원 2인, 최대 인원 6인(객실별 상이) / 객실 3개 운영
문의 전화 또는 문자 예약(010-8935-2353), 인스타그램 @gomeddonggol
금액 8만 원대부터

stay

흙으로 지어진 집 고매똥골은 총 3개의 객실을 운영하고 있다.
곰배령 근처에 위치해 곰배령을 오른 후 쉬러 가기 딱 좋다. 숙
소 입구에서부터 객실로 올라가는 길에 직접 만든 다양한 소품
과 야생화가 놓여있어서 흡사 어떤 전시회에 온 것 같다. 하지만
고매똥골은 시작부터 끝까지 운영자 부부가 직접 지은 것이다.
너와 지붕부터 삼베를 깐 바닥까지 부부의 손길이 닿지 않은 곳
이 없다. 그리고 직접 만든 가구와 발아시켜 키운 야생화도 판매
하고 있으니 관심이 있다면 구매해도 좋다. 숙소 가운데에는 정
자가 있는데, 풍경을 바라보기도 좋고, 바람이 살랑살랑 불어와
책 읽기에도 너무 좋다. 가장 높은 곳에 있는 위채는 수용 인원
이 6인까지라서 가족끼리 방문해도 좋을 것 같다. 통수육 고기
를 사 가면 숙소 운영자가 바비큐 훈제로 구워준다. 직접 밭에서
키운 다양한 쌈도 제공하니 함께 곁들여 먹으면 정말 좋다. 내가
방문했을 때는 조식을 먹을 수 있는 카페 공사가 진행되고 있었
는데, 카페가 다 지어지면 훨씬 좋은 공간이 될 것 같다. 고매똥
골의 조식을 먹으러 꼭 다시 와봐야겠다.

숙소 운영자가 직접 가꾸어 놓은 전시회 같은
입구

너와 지붕과 예쁘게 피어있는 산철쭉

온통 흙으로 지어진 숙소, 들어서면 풍부한
향기가 난다.

숙소 이용 tip

1. 바람이 살랑살랑 불어오는 작은 책방 정자에 앉아서 나만의 시간을 갖자.
   책도 구비되어 있으니 더욱 좋다.
2. 주변에 마트나 편의점이 없으니 미리 장을 봐서 들어간다.
3. 묵는 동안 시간이 된다면 곰배령에 꼭 가볼 것을 추천한다.
4. 통수육 고기를 사가서 훈제 바비큐를 먹어보자. 숙소 운영자가 키우는 다
   양한 채소들과 함께 먹는 바비큐는 더할 나위 없이 좋다.

숙소 한가운데에 있는 작은 책방 정자

주소 강원 인제군 기린면 진동리
시간 09:00 ~ 16:00(11:00 입산, 14:00 하산)
문의 설악산국립공원(www.knps.or.kr), 점봉산산림생태관리센터(www.
       foresttrip.go.kr)
입장료 없음

봄이면 야생화가 만발하는
곰배령은 예약해야만 방문
할 수 있다. 예약은 두 개의
홈페이지 또는 전화로 가능
한데, 점봉산생태관리센터
에서 예약하면 강선마을을
구경하며 음식을 먹을 수 있
고, 국립공원공단에서 예약
하면 경사가 있는 등산로여
서 운동 삼아 가기에 좋다.

야생화가 필 때는 예약하기 힘들 정도로 인기가 많으니 서둘러
야 한다. 가는 내내 흐르는 계곡물소리를 들을 수 있고, 개구리
와 다양한 곤충도 볼 수 있다. 야생화가 피면 구경하느라 시간
가는 줄 모른다. 경사가 꽤 있으니 꼭 등산화를 신자.

강선마을

점봉산생태관리센터로 예약해서 방문한다면 꼭 강선마을에 들러 산나물전을 먹어보자. 2시에는 무조건 하산을 시작해야 하니 아침 일찍 방문할 것을 추천한다.

인생사진 tip

정상에 오르면 전망대에 올라가서 곰배령의 풍경을 찍어보자. 바람이 많이 부니 겉옷 챙겨가는 것을 추천한다.

178

계곡물이 졸졸 흐르는 길을 따라 올라가 보자. 야생화와 다양한 곤충을 볼 수 있다.

하추리 산촌마을

설악산에서 소양강으로 이어지는 맑은 물
이 가로지르는 산골 마을. '장작불 가마솥
밥 짓기', '자작나무 이야기 투어' 두 가지 프
로그램이 있는데, 전자는 아궁이에 장작으
로 불을 지피고 가마솥에 잡곡밥을 짓고 쌈
채소를 수확하여 건강한 한 끼를 먹는 체험
이고 후자는 자작나무 숲을 탐방하는 투어
이다.

주소 강원 인제군 인제읍 하추로 187
홈페이지 www.hachuri.kr
이용료 장작불 가마솥 밥 짓기 : 2인 기준
    40,000원 / 자작나무 이야기 투어 :
    1인 기준 30,000원

속삭이는 자작나무숲

7년에 걸쳐 약 70만 그루의 자작나무를 심어 숲 체험원으로 운영하는 곳. 2012년부터 일반 국민들에게 탐방로를 개방하여 다양한 볼거리를 제공하고 있다. 겨울에 눈이 내리면 더 포근한 느낌이 든다. 3~4월에는 산불 조심 기간으로 운영하지 않으며 주차비용 5,000원은 5,000원짜리 지역 상품권으로 되돌려준다.

주소 강원 인제군 인제읍 자작나무숲길 760
전화 033-463-0044
홈페이지 forest.go.kr

백담사

백담사는 전용 셔틀버스를 타야만 갈 수 있다. 백담사 주차장에서 셔틀버스 표를 1인왕복 5,000원에 구매할 수 있고, 수렴동 계곡을 지나 약 20분간 버스로 이동하면 도착할 수 있다. 가을 단풍이 아름다우며 템플스테이도 인기가 있다.

주소 강원 인제군 북면 백담로 746
홈페이지 www.baekdamsa.or.kr

주소 강원 평창군 평창읍 매화길 164
인원 기준 인원 2인, 최대 인원 4인 / 독채 1개 운영
문의 카카오채널 예약, 인스타그램 @firstsight_stay
금액 27만 원대부터

stay

작고 포근한 마을 안에 있는 첫눈에평창. 사장님 내외는 60년 된
이 한옥을 보자마자 첫눈에 반해 개조하고 숙소로 운영 중이다.
마당으로 들어가면 가장 먼저 자전거가 눈에 띄는데, 얼른 타고
동네 한 바퀴 돌면서 산책할 것을 추천한다. 숙소 반대편에 있는
절개산 풍경이 좋으니 대청마루에 앉아 휴식도 취해보자. 숙소
에 몸뻬 바지와 밀짚모자 등 소품이 다수 준비되어 있으니 이것
을 활용해 사진을 찍어도 좋겠다.
숙소 내부에는 없는 게 없을 정도로 가구와 주방 도구가 잘 비치
되어 있다. 냉장고에는 봉평 막걸리와 조식 재료도 있고, 계절
이 맞으면 마당에 있는 쌈 채소까지 수확해 먹을 수 있다. 거실
과 방 외에도 다도 공간과 화목난로 공간, 영화를 볼 수 있는 구
들방까지! 공간 하나하나 세심하게 신경 쓴 것이 한눈에 보인다.
밤이 되면 야외에서 바비큐도 먹고, 화목난로 앞에 앉아서 타닥
타닥 나무 타는 소리 들으며 차도 한잔 마셔보자. 그리고 영화
한 편 감상하며 잠들어보자. 아침에는 야외로 나가서 따뜻한 햇
볕을 쬐며 조식을 먹으면 좋다.

조식 재료로 빵과 계란, 음료를 제공하니 아침에 직접 차려 먹자.

몸빼바지와 꽃무늬 조끼를 입고 즐기는 바비큐

캠핑장처럼 꾸며진 화목난로 공간에서 즐기는 시간

숙소 이용 tip

1 자전거를 타고 나갈 경우 찻길로 달려야 하니 조심해야 한다.
2 숙소에 있는 몸빼바지와 꽃무늬 조끼를 입고 사진을 찍어보자.
3 밤에는 화목난로 공간을 꼭 이용하자. 직접 나무를 넣어가며 불을 때면 훨씬 재미있다.
4 조식 재료와 막걸리, 팝콘 등을 제공하니 지내는 동안 맛있는 음식을 먹으며 쉬자!

자전거를 타고 동네를 한 바퀴를 돌아보자!

주소 강원 평창군 대관령면 올림픽로 715
시간 09:30 ~ 16:00(모노레일 막차 17:00) / 계절별 상이
입장료 성인 기준 왕복 18,000원(모노레일 탑승과 관람 포함)

애
니
포
레

Spot

1968년까지 28가구의 화전민이 살다가 떠난 후 1,800그루의 가
문비나무를 심고 가꾸어서 현재의 애니포레가 되었다. 모노레
일이 생겨서 약 10분 정도 타고 올라가면 되는데, 바로 옆에 스
키장이 있고 경치도 좋다. 여러 동물을 볼 수 있고, 사진 스팟도
많다. 웅장한 가문비치유의숲에서 맑은 공기를 마시며 산책하
는 것도 좋다. 통나무 카페가 있으니 걷다가 힘들면 잠시 쉬었
다 가도 좋겠다.

웅장한 가문비나무숲. 호빗 마을처럼 꾸며져 있어 귀여운 사진 스팟이다.

인생사진 **tip** 사진 스팟이 많은 곳이지만, 가장 추천하는 곳은 구름 그네이다. 시원하게 그네를 타면서 산 풍경을 즐겨보자.

주소 강원 평창군 평창읍 고길천로 859
시간 13:00 ~ 19:00(매주 월·화·수 휴무)

실내가 예쁘고 아늑하며 커피가 맛있어서 인기가 많은 곳이다. 야외에 있는 그네와 카페 입구가 가장 유명한 사진 스팟이다. 빼곡히 놓여있는 LP판과 조용히 흘러나오는 음악, 테이블에 놓인 아기자기한 소품이 마음을 편안하게 해준다. 평창에 간다면 꼭 들러볼 것을 추천한다. 운영자가 직접 목공 하여 만든 제품도 구경하고, 날이 좋으면 밖에 앉아서 자연을 느껴보자! 그네를 타면서 사진도 찍고 여유를 느껴도 좋다.

인생사진 tip 대표적인 사진 스팟은 바로 카페 입구이다. 귀여운 목마 옆에 앉아서 사진을 찍어보자.

산너미목장

20만 평 규모의 청정목장. 친환경, 동물복
지를 실천한 흑염소 목장과 산촌에서 즐기
는 팜크닉, 캠핑, 차박, 트레킹 등 다양한 체
험을 할 수 있는 곳이다. 캠핑이 가장 유명
하고, 밤에는 은하수를 볼 수 있다.

주소 강원 평창군 미탄면 산너미길 210 산
너미목장

육백마지기

청옥산 정상인 육백마지기, 볍씨 육백 말을 뿌릴 수 있을 정도의 넓은 평원을 뜻한다고 한다. 6월에 방문하면 샤스타데이지가 눈 쌓인 듯이 피어나고, 풍력발전기가 돌아가 그림 같은 풍경을 볼 수 있다. 별이 잘 보이는 곳이라 밤 출사로 유명하고, 차박 성지로도 유명하다.

대관령 양떼목장

한국의 알프스라고 불리는 대관령 양떼목장. 푸른 풍경과 귀여운 양들을 구경하며 먹이주기 체험까지 할 수 있다. 어느 계절에 가도 예쁘지만, 하얗게 눈이 쌓인 겨울에 가보는 것을 추천한다. 대표적인 사진 스팟인 움막과 산책로, 매점이 있어서 커피도 즐길 수 있다.

주소 강원 평창군 미탄면 회동리 1-14

주소 강원 평창군 대관령면 대관령마루길 483-32

전화 033-335-1966

홈페이지 www.yangtte.co.kr

입장료 성인 기준 7,000원

주소 강원 춘천시 서면 명월길 539-10
인원 기준 인원 2인, 최대 인원 4인 / 독채 2개 운영
문의 호선 앱 예약, 인스타그램 @suan_chuncheon
금액 38만 원대부터

stay

수안은 마당이 넓고 숙소가 깔끔해서 꼭 가보고 싶은 곳이었다. 안으로 들어가면 기분 좋은 향기가 나고 잔잔한 노래가 나온다. 총 2개의 독채 숙소를 운영하고 있는데, 2호점에는 야외 자쿠지가 있다. 특히 마당이 넓고 싱그러움이 가득한데, 이곳이 수안에서 가장 아름다운 공간이라고 생각한다. 마당 한가운데에 앉으면 산으로 둘러싸여 있는 풍경이 한눈에 보여서 구름 위에 떠있는 것 같다. 마당에서 피크닉도 즐기고 음악도 듣고 간식도 먹으며 쉬어 보자. 침실에서도 거실에서도 통창으로 푸릇푸릇한 바깥 풍경을 볼 수 있으니 자연스럽게 힐링이 된다. 봄에는 겹벚꽃이 피고, 소나기가 내리는 여름에는 무지개를 자주 볼 수 있다고 한다. 또한 겨울에는 설경이 예쁘니 사계절 내내 머무르기 좋은 숙소이다. 실내도 구석구석 예쁘지 않은 공간이 없다. 하얗고 깔끔한 인테리어와 센스 넘치는 소품들이 매력적이다. 저녁에는 노을을 바라보며 바비큐도 해 먹자.

산 풍경을 보며 먹는 숯불 바비큐!

숙소 뒤편에 있는 야외 테라스

어느 곳을 바라봐도 온통 산 풍경이 보이는
거실

누구나 탐낼만한 깔끔한 주방 인테리어

숙소 이용 tip

1 숙소 도착 직전 도로의 경사가 높으니 조심하자.
2 마당에서 휴식을 즐겨보자. 돗자리나 비눗방울 같은 소품을 챙겨가면 좋다.
3 예쁜 풍경이 보이는 침실에 누워서 사진을 찍어보자. 액자 속 그림 같은 사
   진이 나올 것이다.

보기만 해도 기분이 좋아지는 통창. 하루 종일 앉아있어도 질리지 않는 풍경이다.

주소 강원 춘천시 서면 경춘로 1401-30
주차 등선폭포매표소 밑 주차장 이용 가능(소형차 기준 2,000원)
입장료 2,000원(춘천사랑상품권으로 전액 돌려줌)

삼악산 등반코스 초입 구간에 있는 폭포, 웅장한 절벽 사이에서
흐르는 폭포가 엄청나게 멋있다. 깎아내린 듯한 바위가 신비로
우며 가까이에서 폭포를 볼 수 있다는 게 가장 큰 장점이다. 등
선 폭포 주차장에서 등산을 시작하는 게 최단 코스이니 등산 초
보자들이라면 이 코스를 이용해 보자. 매표소에서 조금만 걸으
면 등선 폭포에 도착하기 때문에 꼭 등산하지 않더라도 방문하
기 좋다.

인생사진 tip 폭포 옆 계단으로 올라간 후 폭포 사진을 찍으면 넓고 거대한 풍경을 담을 수 있다. 안전한 여행을 위해 가볍게 산책한다면 운동화, 등산한다면 꼭 등산화를 신자.

해피초원목장

7만 평 초지의 한우 목장. 아이들이 좋아하는 다양한 동물도 같이 방목 사육하고 있다. 입장료에 동물 먹이 주기 체험까지 포함되어 있으니 꼭 체험해 보자. 춘천호를 배경으로 사진 찍을 수 있는 사진 스팟이 있고, 목장 카페에서 한우 수제버거와 커피를 즐길 수 있다.

주소 강원 춘천시 사북면 춘화로 330-48
전화 033-244-2122
홈페이지 happy-chowon.co.kr
입장료 성인 기준 7,000원

김유정문학촌

한국의 대표 단편 문학 작가인 김유정의 업적을 알리기 위한 문학 공간. 김유정 추모제를 비롯해 문학축제 등 다양한 프로그램을 해마다 운영하고 있다. 김유정의 생가도 구경하고, 근처에 김유정레일바이크(2인승 35,000원)도 타면서 시간을 보내자.

주소 강원 춘천시 신동면 김유정로 1430-14
전화 033-261-4650
홈페이지 www.kimyoujeong.org

공지천유원지

춘천의 벚꽃 명소이자 피크닉으로 유명한 유원지. 자전거를 빌려 시원하게 유원지를 달려도 좋고 오리배를 타도 좋다. 주변 맛집이나 카페가 많아서 가족들과 함께 나들이 가기에 좋다.

주소 강원 춘천시 근화동 690-1
전화 033-250-3089

춘천중도물레길

의암호에서 카누, 요트 등 수상 레포츠를 체험하는 코스로 왕복 45분 정도 소요된다. 멋진 풍경을 바라보면서 색다른 체험을 할 수 있다.

주소 강원 춘천시 스포츠타운길223번길 95
전화 033-243-7177
홈페이지 www.ccmullegil.co.kr
이용료 2인 기준 30,000원

주소 강원 영월군 북면 밤재로 123
인원 기준 인원 4인, 최대 인원 6인 / 독채 1개 운영
문의 네이버 예약, 인스타그램 @h.dd.w
금액 40만 원대부터

stay

해뜰우는 한옥 3채를 모두 이용할 수 있는 촌캉스 숙소이다. 200평이 넘는 공간은 본채와 별채, 회랑과 마당으로 구성되어 있다. 기본적으로 실내는 현대적인 인테리어로 꾸며졌으나 서까래처럼 없애기 아까운 공간은 잘 지켜 현대미와 고전미를 동시에 느낄 수 있다. 근처에 관광지나 맛집이 많고 입실 가능한 인원도 6인이라 가족 단위로 방문하기에 좋다. 바깥 풍경이 보이는 다도 공간과 부엌은 앉아만 있어도 마음이 편안해진다. 본채와 별채를 이어주는 회랑은 돌길로 꾸며져 고급스럽고 화려하며 회랑을 지나 별채 공간으로 가면 자쿠지가 있는 욕실이 있어서 피로를 풀기에도 좋다. 밤이 되면 모든 불을 끄고 마당에 나가보자. 바로 눈앞에 있는 것 같은 크고 반짝이는 별들이 마당으로 쏟아질 것이다. 바비큐장에 화목난로도 준비돼있으니 불을 지핀 후, 따뜻한 불 앞에 앉아 풀벌레 소리를 들으며 여유를 즐겨보자.

서까래가 매력적인 침실

은은한 햇살이 들어오는 다도 공간

본채의 큼직한 누마루가 포인트!

숙소 이용 **tip** 1 별마로천문대나 한반도지형 등 근처에 관광지가 있어 함께 둘러보기에
좋다.

2 오후에 숙소로 햇빛이 들어올 때 거실 테이블에 바깥 풍경이 비친다. 이때
사진 찍으면 예쁘게 나온다.

3 어두운 밤이 되면 회랑에 불을 켜고, 야외에 나가서 사진을 찍어보자.

본채와 별채를 이어주는 회랑. 밤이 되면 더욱 아름답게 빛난다.

주소 강원 영월군 무릉도원면 무릉법흥로 275-25
주차 요선암돌개구멍 입구 주차장 이용 가능
입장료 없음

오랜 세월이 만들어낸 요선암돌개구멍은 하천이 빠르게 흐르
면서 소용돌이칠 때 바위가 깎이고 깎여 현재의 구멍처럼 만들
어졌다고 한다. 요즘은 이 돌개구멍이 있는 바위와 함께 사진을
찍는 게 유행이다. 주변이 산으로 둘러싸여 있어서 경치가 아주
근사하다. 주차장에서 요선암돌개구멍까지 가는 길이 무척 아
름다우니 바람을 느끼며 느릿느릿 걸어 보자.

Spot

인생사진 tip 돌개구멍 속에 물
이 고여있는 곳을 찾아서 사진을 찍
어보자. 바위에 올라가서 사진을 찍
어도 되지만, 미끄러우니 안전에 유
의하자.

전부 바위로 되어있으니 운동화를 신고 갈 것을 추천한다.

가을에 방문하면 노랗게 물든 단풍도
구경할 수 있다.

선돌

주소 강원 영월군 영월읍 방절리 769-4
주차 선돌 주차장 이용 가능

입구에서 몇 분만 걸어가면 엄청난 광경을 볼 수 있다. 70m 높이의 기암으로, 생김새가 기묘하여 신선암으로 불리기도 한다. 전망대에 올라 선돌을 바라보면 선돌뿐만 아니라 서강과 농경지의 풍경이 거대하고 신비롭게 느껴진다. 두 절벽 사이로 유유히 흘러가는 서강이 특히 절경이다.

주소 강원 영월군 영월읍 보덕사길 34
시간 11:00 ~18:00(월 휴무)

사찰 보덕사 입구 쪽에 있는 찻집. 찰랑거리는 나뭇잎 사이로 연
못을 바라보며 차를 마시는 야외 자리가 있고 안쪽에도 옛노래를
들으면서 쉴 수 있는 자리가 있다. 자리를 잡고 앉아 바람 소리
들으며 전통차를 마셔보자. 여름에는 연꽃이, 가을에는 단풍이
예쁘다. 차를 다 마신 후에는 보덕사를 둘러봐도 좋다.

Cafe

인생사진 tip 입구에 있는 커다란
나무가 근사하니 나무 밑에 서서 사
진을 찍어보자.

청령포

3면이 서강에 둘러싸여 있고 한쪽은 육륙봉 암벽이 솟아있다. 어린 단종이 세조에게 왕위를 뺏기고 유배되었던 곳으로, 단종이 살았음을 말해주는 단묘유지비, 단종이 한양 쪽을 바라보며 시름에 잠겼다는 노산대, 정순왕후를 생각하며 쌓은 돌탑이 있고 관음송과 울창한 소나무 숲이 있다. 가랑비가 내리거나 추운 겨울에도 청령포에 들어가기 위해 서강을 헤치는 물길이 운치 있다.

주소 강원 영월군 남면 광천리 산67-1
전화 033-372-1240

한반도 뗏목마을

왕복 30분간 한반도 지형 주변을 뗏목으로 이동하여 즐길 수 있는 체험이다. 물에 발을 담그며 시원한 물살을 느낄 수 있고, 종종 사공의 입담이 즐겁다. 겨울철에는 운영하지 않는다.

주소 강원 영월군 한반도면 선암길 70
전화 0507-1475-5061
홈페이지 뗏목마을.com
입장료 성인 기준 7,000원

장릉

조선 제6대 임금 단종의 능으로 유네스코 세계유산에 등재되었다. 단종의 아픔을 느낄 수 있는 역사관과 한 바퀴 둘러볼 수 있는 산책로가 잘 되어있어서 천천히 구경하기 좋다.

주소 강원 영월군 영월읍 단종로 190

상동이끼계곡

한국의 3대 이끼 계곡 중 하나. 이외에 평창 장전리 이끼계곡과 삼척 무건리 이끼계곡이 있다. 주차를 하고 5분도 채 걸리지 않는 숲속 길을 걷다 보면 신비로운 계곡을 만나볼 수 있다. 신비로운 비밀의 숲 같은 풍경을 구경하고 시원한 물소리를 들으며 산책해 보자.

주소 강원 영월군 상동읍 내덕리 산2-1

한반도지형

1999년 쓰레기 매립장을 설치하려다가 이 지역이 한반도 모양임을 인식하게 되어 매립장 계획을 백지화시켰다고 한다. 지금은 영월의 대표적인 관광명소가 되었다. 15분 정도 산길을 올라가면 사진 스팟인 전망대가 나오고, 멋진 한반도 모양의 지형을 한눈에 담을 수 있다.

주소 강원 영월군 한반도면 선암길 66-9
전화 033-372-6001

별마로 천문대

별을 볼 수 있는 고요한 정상, 별마로. 해발 799.8m에 위치해있고, 달이나 행성, 별을 관측할 수 있다. 천문대가 위치한 봉래산 정상에는 활공장이 있어서 영월의 멋진 풍경을 한눈에 담을 수 있다. 카페도 운영하고 있으며 야경을 감상하러 다녀오는 것도 좋다.

주소 강원 영월군 영월읍 천문대길 397
전화 033-372-8445
홈페이지 www.yao.or.kr
입장료 성인 기준 7,000원

주소 강원 양양군 현남면 죽리1길 30
인원 기준 인원 2인 / 최대 인원 4인
문의 카카오채널 예약, 인스타그램 @jungni_189
금액 35만 원대부터

stay

양양은 서핑으로 유명하지만, 시끌벅적한 관광지를 벗어나 조
용한 곳에서 쉬고 싶다면 죽리189를 추천한다. 넓은 마당과 한
옥 독채로 구성된 죽리189는 가장 먼저 자쿠지가 눈에 띈다. 자
쿠지는 큰 창문을 활짝 열 수 있게 되어있는데 새소리, 바람 소
리를 들으며 자쿠지를 할 수 있다. 주방에는 다양한 식기 도구와
아늑한 식탁이 있고, 식탁 위에 간식 바구니와 와인이 준비되어
있다. 그뿐만 아니라 조명, 소품 하나하나 정성스럽게 준비한 손
길이 느껴지고, 다도 공간에는 큰 창으로 마당을 훤히 볼 수 있
는데 그 풍경 또한 말할 수 없이 아름답다. 창문을 열고 바람맞
으며 차를 마시고, 숙소에 있는 고무신을 신고 마당과 동네를 한
바퀴 돌아보자. 돌아와 마음에 드는 LP를 골라 음악을 듣는 것도
추천! 그렇게 한참을 여유롭게 즐기다 보면 어느덧 날이 저문다.
죽리189는 마당에 바비큐장이 있는데 천천히 불을 피우고 노을
을 즐기면서 저녁을 먹는 것도 좋다. 밤이 되면 더욱 예뻐지는
죽리189에서 간식과 와인을 즐기며 쉬어 보자. 아침으로 간단하
게 먹을 수 있는 조식을 준비해 주니 양양에서의 여행이 더 행복
해진다.

노을 보며 즐길 수 있는 바비큐 공간

턴테이블에 좋아하는 음악을 틀고 앉아 풍경을 즐기자.

차와 다과가 놓인 다도 공간

섬세하게 준비해 준 간식 바구니와 웰컴 와인

창문이 전부 열려 바람을 쐬며 즐길 수 있는 대형 자쿠지

숙소 이용 ^{tip}

1 자쿠지의 크기가 크니 사용하기 2시간 전부터 물을 받는 것이 좋다.

2 실내에서는 취사가 안 되고 야외에서만 가능하다. 저녁은 야외에서 노을을 바라보며 먹자.

3 창문을 활짝 열고 다도를 즐겨보자. 마당에서 다도 공간 방향으로 사진을 찍으면 예쁘게 나온다.

주소 강원 양양군 서면 설악로 1417-7
시간 10:00 ~ 19:00

물레방아식당

시원한 계곡물에 발 담그며 음식을 먹을 수 있는 물레방아식당. 닭백숙이 가장 유명하다. 여름철에 몸보신하며 계곡에 발까지 담글 수 있으니 인기가 없을 수 없다. 애견 동반이 가능하고 대가족이 앉을 수 있는 좌석이 구비되어 있다.

Food

인생사진 **tip** 프레임 안에 넓은 계곡이 다 들어오게끔 사진을 찍어보자.

©양양문화관광

휴휴암

쉬고 또 쉰다는 뜻을 가진 휴휴암. 1999년
바닷가에 누운 부처님 형상의 바위가 발견
이 되면서 불자들 사이에 명소로 부상했다.
바다와 맞닿아있는 사찰이라 풍경이 아름
답고, 바위 쪽에 황어떼가 있어서 먹이 주
기 체험도 가능하다.

주소 강원 양양군 현남면 광진2길 3-16
전화 033-671-0093
홈페이지 huhuam.org

낙산사

양양 여행의 필수 코스, 한국의 3대 관음성
지 중 하나다. 신라 문무왕 11년에 의상대
사가 창건했다고 전하는데, 유구한 역사 속
에서 소실과 재건을 반복했다. 최근에는
2005년 화재로 다시 소실되었다가 2007년
4월에 복원을 완료했다. 하지만 이 화재에
도 홍련암은 타지 않았다고 한다. 바다가
한눈에 보이며 안쪽에 찻집도 있으니 함께
이용해 보자.

주소 강원 양양군 강현면 낙산사로 100
전화 033-672-2448
홈페이지 www.naksansa.or.kr
입장료 없음, 주차비 4,000원

하조대

탁 트인 바다를 볼 수 있는 암석해안. 양양
10경 중 하나인 등대에서 전망대까지 산책
로를 걸으며 시원한 바다를 구경할 수 있
다. 하얀 등대 앞에서 사진도 찍고, 하조대
해수욕장으로 내려가서 고운 모래도 밟아
보자.

주소 강원 양양군 현북면 조준길 99
전화 033-670-2516

주소 강원 원주시 신림면 신림황둔로 1258-44
인원 기준 인원 2인, 최대 인원 4인(객실별 상이) / 독채 2개 운영
문의 네이버 예약, 인스타그램 @sowonjae
금액 15만 원대부터

낭만적인 포장마차가 있는 한옥 숙소. 이곳에서는 이색적인 촌캉스를 즐길 수 있다. 총 두 개의 독채를 운영하고 있는데 둘 다 포장마차처럼 생긴 바비큐장이 있어서 실제 술집에 놀러 간 듯하다. 숙소 곳곳에 감성적인 소품도 많고, 편하게 사진 찍을 수 있도록 삼각대도 준비돼있으며 사진 스팟도 정말 많다. 대청마루에 누워서 산 풍경을 바라보고, 책도 읽다가 배가 고프면 포장마차로 들어가 저녁을 즐겨보자. 화목난로에 직접 불을 피워 고구마를 쪄 먹어도 된다. 마당에서 불멍을 즐겨도 좋고, 별이 잘 보이는 곳이니 불을 끄고 별구경을 해도 좋다. 밤에는 숙소 운영자가 사우나를 가동해 준다. 장작을 넣어서 덥힌 후끈한 사우나를 즐겨보자. 이처럼 소원재는 이색적이면서도 매력이 넘치는 공간이다. 아무것도 하지 않아도 좋고 시끄럽게 놀아도 좋은 이곳에 자주 가고 싶을 것 같다.

한옥 독채 외에 함께 운영하는 황토 독채

파전과 막걸리가 저절로 생각나는 툇마루

각종 게임과 즐길 거리가 있는 거실

숙소 이용 tip

1 숙소에 일찍 입실하여 파전과 막걸리를 즐겨도 좋은데, 대청마루에서 먹으면 맛이 두 배가 된다.

2 포장마차 느낌이 나는 바비큐장에서 맛있는 음식을 즐겨보자. 메뉴판에 있는 음식은 실제로 판매하는 것은 아니니 참고하자.

3 밤이 되면 꼭 사우나를 이용해 보자. 하루의 피로를 싹 풀어줄 것이다.

포장마차 느낌의 바비큐장! 장난스러운 가짜 메뉴판이 포인트다.

산장 느낌이 나는 카페. 오랫동안 식당으로 운영해오다가 현재
는 카페로 바뀌었다. 야외 자리와 아늑한 내부가 있고 고양이도
여러 마리 살고 있다. 겨울에 가면 난로에 고구마를 익혀 먹거
나 라면을 끓여 먹을 수 있다. 카페 가운데에 작은 연못이 있는
데 연못과 한옥의 조합이 신비로운 분위기를 풍긴다.

인생사진 tip 야외 연못 다리에 서서 사진을 찍으면 한옥과 소나무가 담겨
분위기 있는 사진이 나온다. 겨울에는 난로 앞에서도 사진 찍어보자.

터득골북샵

터득골북샵은 쉼이 필요할 때 방문하고 싶은 책방이다. 청량하
면서도 맑은 윈드 차임 소리가 울려 퍼지는 공간에서 맛있는 빵
도 먹고 책도 읽을 수 있다. 북스테이도 운영하고 있는데 하루
머무르며 책을 읽어도 좋을 것 같다. 책방 근처에 귀여운 오두
막집도 있다.

인생사진 tip 야외에서 맛있는 브런치를 즐기며 책을 읽어도 좋다. 풍경이
좋으니 꼭 사진을 남겨보자.

©김수민

반계리 은행나무

높이 32m, 둘레 16.27m에 이르는 800년 넘은 은행나무. 제167호 천연기념물이다. 지금까지도 무성하게 잘 자라고 있으며, 줄기와 가지가 균형 있게 펴져있어서 전국의 은행나무 가운데 가장 아름다운 나무로 알려져 있다. 노랗게 물드는 가을에 가도 예쁘지만, 어느 계절에 가도 좋다.

주소 강원 원주시 문막읍 반계리 1495-1

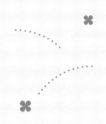

뮤지엄산

건축물이 돋보이는 미술관에서 다양한 전시를 관람할 수 있는 곳. 관람 후 카페테라스에서 멀리 보이는 수래봉 풍경을 바라보며 여유로운 시간을 보내는 것도 좋다.

소금산출렁다리

멋진 풍경을 보며 스릴 넘치는 다리를 건널 수 있는 곳, 출렁다리와 잔도길, 울렁다리까지 구경하는데 2시간 30분 정도 소요된다. 울렁다리는 국내에서 가장 긴 다리로 404m에 달한다.

주소 강원 원주시 지정면 오크밸리2길 260
전화 0507-1430-9001
홈페이지 www.museumsan.org
입장료 성인 기준 22,000원

주소 강원 원주시 지정면 소금산길 12
전화 033-749-4860
입장료 성인 기준 9,000원

주소 강원 삼척시 가곡면 탕곡길 473-174
인원 기준 인원 2인, 최대 인원 6인 / 독채 2개 운영
문의 전화 또는 문자 예약(010-3364-0089)
금액 10만 원대부터

해발 400m 위에 지어진 그림 같은 통나무집. 주변이 전부 산으로 둘러싸여 있어서 마치 동화 속에 들어온 것 같다. 플라워동과 스카이동, 2개의 독채를 운영하고 있는데 위치는 비슷하지만 사진 찍기 더 좋은 플라워동이 인기가 많다. 도착하면 귀여운 강아지와 앵무새가 반겨주고, 꽃이 가득한 마당이 있어서 진정한 자연 속 휴식을 즐길 수 있다. 노래 들으며 해먹에서 잠잘 수 있고, 마당 의자에서 책도 읽고 바람을 느끼면서 쉴 수도 있다. 바비큐장은 공용인데, 1회 무료로 사용할 수 있어 음식만 준비해 가면 된다. 이렇게 풍경이 아름다운 숙소라면 무얼 먹어도 맛이 없을 수 없다. 밤이 되면 장작을 이용해 불멍도 하고, 하늘에 가득한 별을 보면서 행복한 하루를 마무리하자. 입실이 14시, 퇴실이 12시라 여유롭게 쉬었다 갈 수 있다는 것도 큰 장점이다. 햇빛 받으며 산책도 하고, 야외에서 아침 식사를 한 후 느긋하게 퇴실하자.

인생사진 tip 통나무집 앞 계단이 가장 유명한 사진 스팟이다. 사랑하는 사람과 함께 사진을 찍어보자.

마치 산 정상에서 먹는 듯한 아찔한 높이의
바비큐장

산으로 둘러싸인 향초목원. 차분히 앉아서
자연을 느껴보자.

숙소 내부에 야외 테라스, 취사 시설이 잘 갖
추어져 있다.

 숙소 이용 tip

1 장작은 숙소 운영자에게서 소량 구매할 수 있다. 밤이 되면 꼭 불멍을 해
보자.

2 숙소 들어가는 길이 경사가 높으니, 운전 초보라면 숙소 운영자에게 전화
하여 도움을 받자.

숙소 운영자가 직접 가꾸는 꽃밭

주소 강원 삼척시 도계읍 심포리
시간 09:00 ~ 18:00(동절기 17:00까지)
입장료 없음

옥색 빛을 띠는 미인폭포. 생성 과정이나 지질학적 특성이 비슷
해서 한국판 그랜드캐니언이라 불리기도 한다. 바위에 석회물
질이 흐르면서 옥색 물이 나오는데, 시기가 안 맞으면 옥색 빛을
못 볼 수도 있다. 하지만 폭포 자체만으로도 웅장하고 멋있으니
실망하지 말자. 미인폭포로 가는 길에 피아노폭포와 여래암도
있으니 함께 들러보는 것을 추천한다.

피아노폭포

인생사진 tip 폭포를 바라보며 바위에 앉아 사진을 찍어보자. 가는 길이나
바위가 미끄러우니 꼭 운동화를 신자.

활기치유의숲

피톤치드, 음이온, 경관, 소리 등을 활용하
여 치유를 제공하기 위해 조성한 산림이다.
건강증진과 치유기능을 극대화할 수 있는
친환경적인 시설을 배치하였다고 한다. 숙
박시설과 다도, 족욕, 온열 테라피 등 다양
한 프로그램을 운영하고 있으니 참고하자.

주소 강원 삼척시 미로면 준경길 651-230
전화 0507-1433-2601
홈페이지 www.samcheok.go.kr/
     healinglife
입장료 2시간 프로그램 이용 기준 5,000원

대금굴

모노레일을 타고 동굴을 구경할 수 있다. 미리 홈페이지에서 예약 후 방문해야 하고, 지급되는 무전 수신기로 가이드가 동굴에 관한 이야기를 해준다. 폭포와 종유석, 각종 암석이 멋지게 조성되어 있고, 계곡을 따라 도로도 있어 드라이브하기에도 좋다.

장호항

한국의 나폴리. 초승달 모양의 용화해변과 투명한 에메랄드빛 바다, 장호항의 전경이 무척이나 아름답고 웅장하다. 스노클링, 스쿠버다이빙, 카누 등의 체험이 가능하고, 낚시도 유명해서 낚시꾼들의 발길이 끊이지 않는다.

주소 강원 삼척시 신기면 환선로 800
전화 033-541-7600
홈페이지 daegeumgul.co.kr
입장료 성인 기준 12,000원

주소 강원 삼척시 근덕면 장호리 1-13

부여   옥천   보령

4

충청도의 촌캉스

바쁘게 살아가는 요즘, 자연과 함께 어우러져 천천히 느긋하게 쉬어 가고 싶다면 충청도 여행을 추천한다. 일몰이 아름다운 바다도 있고, 역사적인 문화재와 사찰 등의 많은 볼거리가 있는 충청도는 우리나라의 중부에 있어서 어느 지역에서든 쉽게 갈 수 있어서 더욱 좋다. 특히 한옥이 많아서 전통미를 느낄 수 있고, 소소하면서도 매력 있는 먹거리가 많다. 느림의 미학을 경험하고 싶다면 충청도로 떠나보자.

주소 충남 부여군 구룡면 망해로295번길 25-18
인원 기준 인원 2인, 최대 인원 4인 / 독채 1개 운영
문의 에어비앤비 예약, 인스타그램 @th.mandlgo
금액 19만 원대부터

Stay

75년 된 서까래를 간직한 운치 집을 2년 동안 고쳐 숙소로 운영
중인 현암리돌담집. 사방이 밤나무산으로 둘러싸여 있어 산골
정취를 만끽할 수 있다. 거실에는 알록달록한 식물과 귀여운 소
품이 가지런하고 마당에는 야생화가 봄부터 가을까지 알록달록
피어난다. 이 모든 식물을 숙소 운영자가 하나하나 관리한다. 겨
울에는 마당에 눈이 소복한 풍경을 볼 수 있고, 따뜻한 한옥에서
잠을 청할 수 있으니 꽃이 없어도 매력적인 공간이 아닐 수 없
다. 숙소 벽면에는 다녀간 사람들이 방문 소감을 적어 빼곡하게
붙여놓았다. 현암리돌담집에 방문한다면 느낀 그대로를 포스트
잇에 적어 발 도장을 남겨도 좋겠다. 숙소에 준비된 고무신을 신
고 조용하고 한적한 마을을 한 바퀴 둘러보고, 마당에서 강아지
랑 뛰어놀고, 어떤 꽃이 제일 예쁜지 구경하다 보면 시간이 정말
빠르게 지나간다. 숙소 뒤편에 헛간이라는 작은 카페가 있는데,
카페에서 잠시 차를 마실 수 있다. 저녁에는 정원에서 바비큐를
이용할 수 있는데 가마솥에 고기를 구워 먹을 수 있어서 시골집
감성이 더욱 잘 느껴진다. 밤공기가 차가워지면 모닥불을 피워
놓고 하늘에서 쏟아지는 별을 구경하며 아름다운 현암리돌담집
에서 낭만적인 밤을 온전히 느껴보자.

숙소를 지키는 귀여운 강아지

현암리돌담집을 다녀간 사람들의 발자취

봄이 되면 다양한 꽃이 피어나는 마당 정원

숙소 이용 tip

1 마당에서 산책하며 인생 사진을 남겨보자. 오후에 내리쬐는 따스한 햇볕 덕분에 사진이 예쁘게 나온다.

2 헛간 카페에 가서 음악 틀고 커피 마시는 시간을 보내자. 숙소 방문객들만 이용할 수 있는 카페라서 평화로운 시간을 즐길 수 있다.

3 아침에 일어나 숙소 강아지들과 함께 산책해 보자. 강아지들이 산책길을 안내해준다.

숙소 뒤에 위치한 헛간카페

가
림
성
느
티
나
무

Spot

사방이 탁 트인 풍경과 원뿔 모양의 느티나무가 서 있는 가림
성. 이 나무는 사랑 나무라고도 불린다. 해발 280m의 산 정상에
돌로 석상을 쌓아 사비성을 수호하기 위해 금강 하류에 축조하
였다고 한다. 늘어진 나뭇가지가 반쪽 하트 모양처럼 보이는데,
사진을 찍고 좌우를 반전하고 합쳐 완전한 하트 모양을 만드는
것으로 유명하다. 지금은 사진 스팟으로 유명해진 장소지만 깊
은 역사가 담겨있는 곳이니 천천히 역사에 대한 글도 읽으며 산
책을 즐겨보자. 그리고 느티나무와 함께 보는 일몰도 아름다우
니 시간이 맞는다면 꼭 보고 오자.

인생사진 tip 2명의 여행자가 가
림성느티나무 아래에 서서 각각 한
장씩 사진을 찍은 후, 그중 한 장의
사진을 좌우 반전시켜서 두 사진
을 합치면 하트 나무가 된다. 요즘
연인들 사이에서 인기 많은 사진이
니 한번 찍어보면 좋겠다.

부
여

247

백제문화단지

아이들과 가기 좋은 곳. 백제의 역사를 배울 수 있는 유익한 공간이다. 규모가 큰 편이라 홈페이지에 시간별 추천 코스가 있으니 참고해서 다녀오면 좋다. 다양한 체험과 공연도 진행된다고 하니 운영하는 날짜에 맞춰 다녀오자.

주소 충남 부여군 규암면 백제문로 455
전화 0507-1369-7290
홈페이지 www.bhm.or.kr
입장료 성인 기준 6,000원

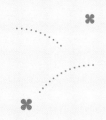

부소산성

백제의 마지막 왕성. 부소산성의 숲길을 걷고 낙화암도 구경할 수 있다. 역사와 함께 백마강의 풍경이 어우러져 더 아름답게 느껴진다. 걸어서 구경할 수 있지만 낙화암 유람선을 탈 수도 있으니 참고하자.

궁남지

부여시 남쪽에 있는 백제시대 별궁에 딸린 연못. 현재의 궁남지는 복원공사를 통해 조성된 모습으로, 백제시대 당시의 궁남지는 훨씬 규모가 컸을 것으로 추정된다. 연꽃이 피어날 때 가면 더욱 예쁘고 야경 명소로도 유명하다.

주소 충남 부여군 부여읍 부소로 31
전화 041-830-2884
홈페이지 www.buyeo.go.kr/html/heritage
입장료 성인 기준 2,000원 / 유람선: 성인 기준 10,000원(왕복)

주소 충남 부여군 부여읍 궁남로 52
전화 041-830-2880

주소 충북 옥천군 청산면 하서1길 24-2
인원 기준 인원 2인, 최대 인원 4인 / 독채 2개 운영
문의 네이버 예약, 인스타그램 @stay_the.beginning
금액 22만 원대부터

나무와 산으로 둘러싸인 시작에머물다는, 한적한 시골에 위치해
조용히 즐기다 올 수 있는 곳이다. 서울에서 지내던 부부가 아무
연고도 없는 옥천으로 귀촌하여 운영하는 숙소로, 다시 시작할
힘조차 없이 힘들다고 느낄 때 누구든 찾아올 수 있는 곳이길 바
란다고 한다. 100년 된 한옥 숙소인데 서까래와 툇마루 등 한옥
의 장점을 살리고 불편한 점은 과감히 없앴다고 한다. 내부는 군
데군데 유럽 느낌이 나게 꾸며져 있고 마당은 시골 감성을 살렸
다. 총 두 개의 독채를 운영 중인데, Part.1은 노천탕과 감성 캠핑
을 즐길 수 있고, Part.2는 북스테이로 꾸며져 책도 보고 음악도
들으며 쉴 수 있다.

아침에는 사랑채에서 숙소 운영자가 직접 조식을 만들어 주는
데, 숙소 운영자의 음식 솜씨가 좋아 정말 맛있다. 숙소 외에도
소품샵을 운영하고 있어서 구경하기 좋다. 숙소 운영자가 직접
만든 소품 하나하나가 다 예쁘고 정성스러워서 지갑을 열게 만
든다. 때때로 지친다고 생각될 때 자연스레 생각날 것 같다.

빈티지한 소품과 책이 있는 아늑한 침실

숙소 뒤편 산책로에 올라가면 귀여운 지붕이
보인다.

숙소 운영자가 직접 차려주는 따뜻한 조식

타닥타닥 타들어 가는 불과 따뜻한 바람이 나
오는 히터

숙소 내에 있는 소품샵. 숙소 운영자가 직접 가방, 파우치 등을 만들어 판매한다.

숙소 이용 tip

1 어느 계절에 가도 예쁘지만, 개인적으로는 겨울이 가장 아름답다. 방문한 날이 겨울이고 운이 좋아 눈이 온다면 가장 아름다운 시작에머물다를 경험할 수 있을 것이다.

2 숙소 뒤편에 작은 산책길과 사진 스팟이 있으니 올라가 보자. 위에서 바라보는 지붕이 참 예쁘다.

3 숙박 외에도 1시간 30분 동안 정원에서 커피를 마실 수 있는 피크닉 시간제를 운영하고 있다.

4 Part.1과 Part.2가 각각의 매력이 있지만, 가격 차이가 좀 있으니 본인이 노천탕을 이용하며 쉬고 싶은지 책을 읽고 싶은지 잘 생각해 보고 방문하자.

부
소
담
악

옥천 3경 중 하나인 부소담악. 부소무니 마을 앞 물 위에 떠 있어서 이름했다는 설과 연꽃 '부'자를 써 연꽃처럼 떠 있는 산이라 이름한다는 두 가지 유래가 있다. 대청댐을 만들고 마을이수몰되어 마을에 있던 산의 능선만 물 위에 남아 오늘에 이르렀으며 그 길이가 700미터에 이른다고 한다. 봄에 부소담악을 방문하게 된다면 모란과 철쭉이 다양하게 핀 풍경을 즐길 수 있다. 대청호와 푸른 숲을 보면서 걷다 보면 대청호를 가로지르는배도 종종 보이고, 멀리 시골 풍경이 보이기도 한다.

추소정 안에서 바라보는 풍경

옥
천

추소정에 올라가면 보이는 풍경. 잔잔한 호수가 아름답다.

봄에 방문하면 철쭉, 불두화, 겹벚꽃
등을 볼 수 있다.

인생사진 tip 추소정 안에 앉아 찍는 사진도 예쁘지만, 대청호를 보며 걷는 둘레길이 참 아름답다. 데크길에 올라가 대청호 방향으로 사진을 찍으면 정말 예쁘게 나온다. 둘레길에 갈 때는 황룡사에 주차하고서 추소정을 향해 방향을 잡고 걸으면 된다.

©옥천문화관광

화인산림욕장

국내 최대의 메타세쿼이아 숲. 정홍용 대
표가 1970년대 초 고향에 임야를 매입하여
주말마다 가꾸어온 숲을 2013년에 산림욕
장으로 개장하였다고 한다. 인공시설이 가
미되지 않은 자연 그대로이며, 누구나 쉽게
이용할 수 있도록 계단 없이 조성되었다.

장령산자연휴양림

숲해설, 명상, 걷기 체험도 가능한 자연휴
양림. 바닥에 조약돌을 깔아 만든 자연수
수영장이 있어 여름에도 인기가 많다. 휴양
림 내에 숙박도 가능하고, 1~3시간 코스로
개설된 3개의 등산로가 있는데 어렵지 않
게 올라가 옥천 시가지 전경을 볼 수 있다.

주소 충북 옥천군 안남면 안남로 151-66
전화 0507-1318-0308
홈페이지 fineforest.modoo.at
입장료 성인 기준 4,000원

주소 충북 옥천군 군서면 장령산로 519
전화 043-733-9615
홈페이지 www.foresttrip.go.kr/indvz

금강수변 친수공원

5월에 방문하면 유유히 흐르는 금강 옆으로 아름다운 유채꽃 물결이 흐드러진다. 산책하기 좋고, 어느 계절에 가도 좋지만 4~5월에 유채꽃 축제가 열리면 다양한 먹거리와 볼거리가 있다고 하니 시기에 맞춰 방문해 보자.

수생학습식물원

국내에서 3번째로 큰 호수 대청호 한복판에 자리하고 있는 호수정원. 산책로를 거닐며 다양한 수생식물을 구경할 수 있다. 2003년 주민들이 수생식물을 재배하는 관영농업으로 시작되었고, 2008년도에 충청북도교육청에서 체험학습장으로 지정해 운영하고 있다. 사전 예약해야 하니 홈페이지를 참고하자.

주소 충북 옥천군 동이면 금암리 1139

주소 충북 옥천군 군북면 방아실길 255
전화 043-733-9020
홈페이지 waterplant. or. kr
입장료 성인 기준 6,000원

주소 충북 보령시 절터길 41
인원 기준 인원 6인, 최대 인원 14인 / 독채 1개 운영
문의 네이버 예약, 인스타그램 @geobugy_hanok
금액 60만 원대부터

으리으리한 대궐 같은 300평 규모의 한옥 숙소. 약 150년 된 고택을 이축해온 본채와 한옥 장인이 건축한 별채로 이루어진 거북이 한옥은 취침할 수 있는 방이 4개나 있어서 대가족이 방문하여 촌캉스를 즐기기 좋다. 본채와 별채 사이에 있는 돌계단으로 내려가면 공중화장실과 넓은 마당, 바비큐장, 노천탕이 나온다. 일부러 축대를 높게 세워 숙소를 지었다고 하는데, 그래서인지 숙소에서 늘 환상적인 풍경을 볼 수 있다. 마당에는 한옥을 건축하기 전부터 숙소를 지키고 있던 160년 된 소나무가 있는데, 숙소 어디에서든 소나무를 볼 수 있게 설계했다고 한다. 별채는 통창 유리가 있는 대청마루와 전통놀이 체험을 할 수 있는 공간이 있다. 푸릇푸릇한 마당에는 아이들이 놀 수 있는 놀이방까지 준비돼있다. 이쯤 되면 보령으로 떠나지 않을 이유가 없다. 가족들과 거북이한옥에 방문해 신나는 놀이도 하고 노천탕에서 쉬며 저녁엔 넓은 마당에서 바비큐를 먹고 산책도 해보자.

인생사진 tip 마당 계단에 서서 사진을 찍어보자. 소나무가 보이는 풍경과 한옥 조합이 정말 근사하다. 돌계단이니 조심해서 내려가자.

밤이 되면 더욱 아름답게 빛나는 거북이한옥

다양한 전통 놀이를 할 수 있는 별채에는 소나무가 보이는 대청마루가 있다.

빔프로젝트로 영화를 볼 수 있다.

숙소 이용 tip

1 야경이 예쁜 곳이니 밤이 되면 불을 켜고 사진을 찍어보자. 불 켜진 한옥 분위기가 황홀할 정도로 아름답다.

2 대천해수욕장과 가까우니 숙소에 묵으면서 바다를 즐겨도 좋다. 근처에 도보로 이용 가능한 마트는 없으니 참고하자.

3 숙소에 아이들이 입을 수 있는 한복이 준비되어 있다. 한복을 입고 전통 놀이를 하며 소중한 추억을 남겨보자.

바깥 풍경이 예쁜 거실에서 다도를 즐기자.

오천항이 한눈에 내려다보이는 충청수영성. 충청도 해안을 방어
하는 최고의 사령부 역할을 했다고 한다. 지형과 경관이 잘 보존
되어 있는 충청수영성은 산과 바다를 보며 성곽을 따라 걸으면
수영성 안에 우뚝 서 있는 영보정이 보인다. 영보정은 조선시대
에도 최고 절경을 자랑하는 정자였다고 하는데, 직접 올라 보니
선조들의 경치 안목이 정말 높았구나 싶다.
성곽길을 산책하고 영보정에 앉아 바다를 바라보며 둥둥 떠 있
는 배를 구경해도 좋다. 아름다운 영보정에서 시간을 보내보자.

Spot

충청수영성에서 바라보는 오천항

인생사진 tip 영보정에 걸터앉
으면 뒷배경으로 보이는 푸른 바다
와 작은 배가 무척 아름답게 느껴
진다. 성곽을 걸으며 바다 배경으로
사진도 찍어보자.

'그해 우리는'이라는 드라마 촬영지로 유명한 천북폐목장은 넓은 청보리밭으로 유명하다. 최근에는 청보리창고 카페로 오픈하여 커피를 마시며 산책할 수 있다.

©김보현(kimvo97)

©보령문화관광

청라은행마을

가을이 되면 온통 노랗게 물드는 국내 최대
의 은행나무 군락지. 3천여 그루의 토종 나
무가 식재돼 있는데 그중 1천여 그루가 100
년이 넘은 은행나무이다. 은행나무 둘레길
을 걸으며 시골마을의 풍광을 여유로이 바
라보자.

무창포 해수욕장

신비로운 해수욕장. 매월 사리 때 1~2일간
모세의 기적처럼 바닷길이 열리는 기현상이
생긴다. 봄에는 주꾸미 도다리 축제, 바닷길
이 가장 많이 열리는 여름에는 신비의 바닷
길 축제, 가을에는 전어대하축제가 개최되니
축제 기간에 맞춰 방문하는 것도 좋다.

주소 충남 보령시 청라면 오서산길 150-65
홈페이지 www.xn--hz2b99vna427l.org

주소 충남 보령시 웅천읍 열린바다1길 10
전화 041-936-3561
홈페이지 www.muchangpo.or.kr

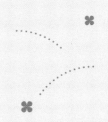

개화예술공원

약 18ha 규모로 미술관, 조각 공원, 음악당, 허브랜드로 이루어졌다. 여러 유망 작가들의 작품도 구경할 수 있고, 식당과 카페가 있어서 쉬어가기에도 좋다. 사진 스팟이 많아서 가족 단위로 방문하기 좋은 곳이다.

죽도 상화원

북쪽으로 대천해수욕장, 남쪽으로 무창포 해수욕장 사이에 있는 섬. 섬 전체가 하나의 정원으로, 자연과 조화를 이룬다. 멋진 산책로를 걸으며 커피와 떡을 먹을 수 있고, 금·토·일과 공휴일에만 운영하니 휴일에 쉬러 가기 좋다.

주소 충남 보령시 성주면 개화리 177-2
전화 041-931-6789
홈페이지 www.gaehwapark.co.kr
입장료 성인 기준 6,000원

주소 충남 보령시 남포면 남포방조제로 408-52
전화 041-933-4750
홈페이지 www.sanghwawon.com
입장료 7,000원

양평　　이천　　제주시

5

경 기 도
기 도 와
도 의
촌 제 경
캉 주 기
스 도 도
　 의 와

경기도는 서울에서 가깝지만, 생각보다 확실한 촌캉스를 즐길 수 있
는 곳이다. 촌캉스가 처음이라면 주변에 먹거리와 놀거리가 많은 경
기도에서 시작하는 것도 좋다. 반면에 이국적이면서도 조용하고 고
즈넉한 촌캉스를 즐기고 싶다면 제주도행 비행기를 발권하자! 제주
에서만큼은 걱정거리를 모두 내려놓고 자유를 찾아보자. 서울에서
가장 가까운 경기도와 가장 먼 제주도에서도 소담하고 시골스러운 여
행은 오감을 만족시켜 주리라 믿는다.

주소 경기 양평군 강하면 동오리 (동오2리 마을회관 근처)
인원 기준 인원 2인, 최대 인원 4인 / 독채 1개 운영
문의 산온 홈페이지(staysanon.kr), 인스타그램 @sanon_stay
금액 49만 원대부터

stay

산온은 사방이 산으로 둘러싸인 한옥 숙소로, 머무는 이들이 아
름다운 자연을 만끽할 수 있도록 구석구석 세심하게 신경 썼다
고 한다. 50년 된 구옥의 보, 서까래, 기둥을 그대로 유지해 예스
러움을 잃지 않고, 현대적인 아름다움을 덧붙여 재탄생했다. 'ㄱ'
자 건물 양 끝에 방을 배치하여 동행자와 방을 따로 쓴다면 따로
또 같이 여행하는 기분이 들 수 있고, 편히 누워서 책도 읽고 한
숨 잘 수도 있는 편안한 공간을 제공하기 위해 툇마루 공간을 넓
게 만들었다. 주방에서 사용하는 제품들은 친환경 비건 제품이
며, 200평의 넓은 마당에는 자쿠지와 야외 바비큐장, 다도를 즐
길 수 있는 툇마루가 있다. 밤에는 따끈한 자쿠지에서 차가운 산
공기를 마시며 피로를 풀어도 좋을 것 같다. 낮에는 청량한 하늘
과 푸르른 산, 녹색 지붕이 서로 조화를 이루고, 밤에는 곳곳에
조명이 켜져 숙소만 은은하게 빛난다. 노을 질 때는 은은한 조명
옆에서 맛있는 바비큐를 먹고 음악을 들으며 다도를 즐기고 편
안한 잠을 잤다가 아침에 일어나면 사방에서 울려 퍼지는 새소
리를 들으며 마당 산책을 해보자. 단 하루만 머물러도 쌓여 있던
피로와 스트레스를 모두 풀 수 있을 것 같다.

산온의 밤 풍경

친환경 제품이 비치된 주방. 여러 사람이 요리하고 식사할 수 있도록 부엌을 넓고 깨끗하게 만들었다. 부엌 옆에는 다용도실이 있어 빔프로젝터로 영상을 볼 수 있다.

밤에도 예쁜 산온 마당과 자쿠지. 입욕제를 넣어 이용해 보자.

다도 공간에서 차도 마시고 음악도 듣자.

1 산온은 방에서도 통창 유리로 풍경을 볼 수 있어서 사진을 남기기에 좋다.

2 노을이 질 때쯤에 자쿠지를 이용하자. 숙소에서 자쿠지용 입욕제도 준비해 준다.

3 아침이 되면 대청마루에서 다도를 즐기자. 시골의 청량한 아침과 예쁜 마당, 그리고 차 한 잔은 촌캉스의 묘미를 극대화한다.

4 친환경을 생각하는 숙소인 만큼, 조금 불편하더라도 한번 쓰고 버리는 일회용을 줄여보면 좋겠다.

주소 경기 양평군 옥천면 신촌길 47
시간 11:00 ~ 21:00(화 휴무)

고기 굽는 마당

계곡물이 흐르는 소리를 들으며 고기를 먹을 수 있는 식당. 백숙을 비롯한 다양한 음식을 판매하고 있지만 삼겹살 구이가 가장 유명하다. 좋은 재료로 직접 만들었다는 반찬도 정갈하고 맛있다. 무엇보다 계곡물에 발을 담그고 식사 할 수 있는 좌석이 있어 가족끼리 놀러 가기 좋다. 계곡 수심이 깊은 편이 아니라서 아이들이 물놀이하기 안전하고, 다양한 놀이가 가능한 넓은 마당은 뛰어놀기 좋다.

중미산 천문대

수도권에서 가장 많은 별을 볼 수 있는 곳으로 천체관측과 영상교육을 통해 계절별 별자리를 알아보는 유익한 시간을 보낼 수 있다. 날이 흐리거나 보름달이 밝아 별을 볼 수 없다 해도 걱정할 것 없다. 입장권을 소지하고 있다면 1년 안에 무료로 재방문할 수 있다.

두물머리

금강산에서 흘러내린 북한강과 강원도 금대봉 기슭 검룡소에서 발원한 남한강의 두 물이 합쳐지는 곳. 드라이브 코스로 유명하고, 멋진 풍경과 연잎 핫도그가 유명하다. 400년 된 커다란 느티나무와 여름에 피어나는 연꽃을 구경하며 힐링해 보자.

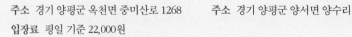

주소 경기 양평군 옥천면 중미산로 1268
입장료 평일 기준 22,000원

주소 경기 양평군 양서면 양수리

용문사

천년의 세월을 보낸 은행나무로 유명한 용
문사는 서기 913년 신라 신덕왕 2년에 창건
되었다고 전해진다. 이 은행나무는 천연기
념물 제30호로 지정되어 있고 가을이면 노
랗게 물든 나무를 보러 관광객의 발걸음이
끊이지 않는다. 오랜 세월 건강하게 자란
나무라서 그런지 여느 은행나무보다 늦게
물든다고 하니 참고하자. 템플스테이도 운
영하니 쉼이 필요한 사람들에게 추천한다.

주소 경기 양평군 용문면 용문산로 782

세미원

수생식물을 이용한 자연정화공원으로 여름
에 연꽃이 필 때 가장 붐빈다. 각종의 수련
을 심어놓은 세계 수련관, 장독대 분수, 모
네의 정원 등 다양한 시설이 있고, 푸릇푸
릇한 산책로와 사진 스팟이 많다.

주소 경기 양평군 양서면 양수로 93
전화 031-775-1835
홈페이지 www. semiwon. or. kr
입장료 성인 기준 5,000원

호텔오가에 도착하면 지배인이 나와 짐을 들어주고 숙소를 하나 하나 안내해 준다. 이 지배인은 36년간 호텔업계에서 기획 총괄을 맡아왔다는 호텔학 박사로 진심을 담아 호텔오가를 운영하는 사장님이다.

웰컴 와인과 조식 재료 바구니, 간식으로 먹을 수 있는 계절 과일 등 고객을 위한 먹을거리도 제공해 준다.

숙소 안으로 들어가면 통창 유리 너머로 돌담이 보이는 자리가 있는데 비가 와도 운치 있고 눈이 오면 환상적인 풍경이 펼쳐진다고 한다. 차나 와인을 들고 창가에 앉아 보자. 푸릇푸릇한 마당에 들어서면 빨간 지붕 노천탕이 가장 눈에 띈다. 여름에는 작은 수영장으로, 겨울에는 따끈한 노천탕으로 이용할 수 있다. 숙소에는 비눗방울과 삼각대 등 소품도 준비되어 있으니 사랑하는 사람과 예쁜 사진을 남기며 피크닉을 즐겨보자. 어두운 밤이 되면 대청마루에 앉아 하늘에서 쏟아지는 별을 감상하고, 조그맣게 들려오는 풀벌레 소리를 들어보자. 아침 햇살이 잘 들어오니, 이른 아침 햇살 가득한 풍경도 놓치지 말고 조식을 먹으며 마지막까지 여유를 누려보자.

호텔오가의 사진 스팟인 돌담이 보이는 거실. 테이블 위에 웰컴 와인과 과일이 올려져 있다.

대형 자쿠지에 들어가 첨벙첨벙 놀아보자. 아이들이 좋아할 만한 비눗방울도 있다.

직접 차려 먹을 수 있도록 제공되는 조식 재료

아침에 일어나 툇마루에 앉아서 아침 식사를 즐기자.

빨간 지붕이 매력적인 호텔오가

숙소 이용 **tip**

1 숙소에서 준비해 준 소품과 함께 노천탕에서 사진을 찍어보자. 비눗방울
   과 귀여운 튜브가 사진에 포인트를 준다.

2 조식을 만들어 대청마루에 나가서 먹어보자. 쏟아지는 햇살과 함께 상쾌
   한 아침을 맞을 수 있다.

3 계절과일과 와인을 먹으며 함께 근사한 밤을 보내자. 밤에는 마당에 나가
   별구경도 빼먹지 말자.

4 특별한 날 사랑하는 사람과 추억을 남길 수 있도록 파티 플래닝도 진행하
   고 있다. 기념일이나 생일에 방문해 보자.

이천 가볼 만한 곳

티하우스에덴

유럽처럼 화려한 공간에서 차를 마실 수 있는 대형카페. 에덴 파라다이스 호텔 카페라서 투숙객에게 할인이 적용된다. 은은한 홍차 향이 퍼지는 실내와 꽃이 피어나는 야외 정원이 있고, 이미 방문객이 많은 곳이었지만 드라마 '더글로리' 촬영지로 알려지면서 더욱 유명해졌다.

주소 경기 이천시 마장면 서이천로 449-79

설봉공원

설봉산 자락에 자리 잡은 공원. 2001년 세계도자기엑스포를 성공적으로 이끈 중심지였으며, 해마다 열리는 도자기 축제, 쌀 문화축제의 개최지이다. 봄에는 벚꽃 명소로, 겨울에는 눈썰매장으로 사람들의 발길이 끊이지 않고, 둘레길을 산책해도 좋다.

주소 경기 이천시 경충대로2709번길 128

산수유마을

봄이 되면 노란 산수유꽃이, 가을에는 빨간 열매가 마을을 물들이는 곳. 매년 봄에 산수유 축제가 열려 다양한 먹거리와 볼거리를 즐기러 가볼 만하다. 약 1만 7,000여 그루의 군락지이며, 산수유 둘레길도 있으니 산책하며 자연을 느껴보자.

더반올가닉

유기농으로 재배하는 블루베리 농장에서 운영하는 카페. 피자와 파스타, 블루베리로 만든 다양한 음료를 판매한다. 예약제로 가족 모임이나 특별한 단체 모임을 위해 공간을 대여해주기도 한다.

주소 경기 이천시 백사면 원적로775번길 17

주소 경기 이천시 부발읍 부발중앙로221번길 89

주소 제주 제주시 구좌읍 김녕리 1419
인원 최대 인원 4인 / 독채 1개 운영, 한달살이 숙소
문의 인스타그램 @gimnyeongnamoozip
금액 숙소에 직접 문의

stay

김녕리 어느 고요한 골목길에 있는 김녕나무집. 바닷가 근처에
있어 산책하기 좋다. 대문을 열면 아늑하고 정겨운 분위기의 주
택이 하나 있는데, 1935년에 지어진 제주 전통 농가주택을 새롭
게 꾸며서 단기 임대 또는 한 달 살이 숙소로 운영하고 있다. 취
사가 가능하기 때문에 잠시 살아보고 싶은 사람들에게도 좋을
것 같다. 김녕나무집은 앞마당과 뒷마당이 있어서 사방에서 제
주의 바람을 느낄 수 있다. 뒷마당에는 큰 나무와 평상, 캠핑용
바비큐 장비들과 흔들거리는 야자수, 그리고 해먹이 준비되어
있다. 앞마당에는 대형 자쿠지가 있는데, 야자수와 돌담에 둘러
싸여 있어서 이국적인 분위기를 연출한다. 어둑어둑해질 무렵에
는 노을을 바라보며 자쿠지를 이용해도 좋다. 마당이 넓어서 아
이들이 뛰어놀기에도 좋은데 숙소에 큰 창문이 있어 마당을 내
다볼 수 있으니 어른들이 쉬면서 마당에서 뛰노는 아이들을 바
라볼 수 있다.

제주 전통 집이 생각나는 아기자기한 침실

마당이 보이는 거실

야자수가 있는 이국적인 대형 자쿠지

숙소 이용 **tip**

1 숙소 안에 있는 식탁에 앉아서 큰 창을 바라보며 사진을 찍어보자. 대형 자쿠지가 보이는 풍경이 마치 해외 같은 느낌을 준다.

2 뒷마당 평상에서 아침 식사를 하며 여유로운 시간을 보내보자.

3 자쿠지에서 필수적으로 사진을 찍어야 한다. 이국적인 풍경과 함께 인생 사진을 남겨보자.

4 마당에 있는 해먹에 누워서 책도 읽고, 음악도 들으며 쉬어보자.

제주 전통 주택을 리모델링한 김녕나무집. 천장이 특히 매력적이다.

주소 제주 제주시 구좌읍 하도15길 107-17
시간 11:00 ~ 20:00(수 휴무)

제주에서 낭만적인 하루를 보내며 분위기에 취해보고 싶다면 이곳을 추천한다. 숙박도 운영하고 있는 가맥집 취하도는 간단한 술과 안주, 옛날 과자를 판매하고 있다. 직접 구워주는 오징어구이와 쉽게 보지 못하는 다양한 식품, 게임기까지 있어 즐거움이 더해진다. 제주 전통가옥 평상에 앉아 레트로 감성을 느끼며 옛 추억을 떠올리면 어떨까.

레트로한 분위기 속에서 먹는 간단한 안주

제
주

목
화
휴
게
소

올레길 1코스 해안 길을 가다 보면 작은 휴게소가 나온다. 이미
유명하지만 매력이 넘치는 곳이라서 이 책에서도 소개하기로
한다. 목화휴게소는 다양한 간식과 오징어구이, 술을 판매하고
있는 가맥집이다. 날이 좋을 때는 앉을 자리도 없을 정도로 인
기가 많은데, 올레길 걸을 계획이 있는 여행자라면 꼭 한번 방문
해 보기를 추천한다.

주문하면 바로 구워주는 오징어구이

제
주

제 주 가 볼 만 한 곳

큰엉해안경승지

해안절벽 위 2km에 걸쳐 아름다운 산책로
가 만들어져 있는 큰엉해안경승지는 나무
사이의 풍경이 한반도 같다 하여 유명한 곳
이다. 큰 바위가 아름다운 해안을 집어삼킬
듯 크게 입을 벌리고 있는 언덕이라 큰엉이
라 불린다. 해안 길을 따라 산책하고 노을
이 지면 한반도 사진 스팟에서 사진을 찍어
보자.

주소 제주 서귀포시 남원읍 태위로 522-17
    큰엉전망대

영주산

천국의 계단이라고 불리는 영주산의 등산
길. 왕복 40분이면 다녀올 수 있어서 초보
자에게도 인기가 많고, 특히 여름엔 산수국
이 예쁘게 피어서 방문객이 더욱 많다. 영
주산 밑 주차장 길은 스냅 촬영으로도 인기
가 있으며 신선이 살았던 산이라고 해서 영
주산이라 불린다.

월령 선인장 군락지

2001년, 천연기념물로 지정된 월령 선인장
군락지. 선인장 씨앗이 구로시오 해류를 따
라 열대지방에서부터 떠밀려 와 지금의 군
락지가 된 것으로 보고 있다. 여름철에 노
란 꽃이 피어 더욱 아름다움을 뽐낸다. 산
책길로 조성돼있으니, 제주에 간다면 꼭 들
러보자.

주소 제주 서귀포시 표선면 성읍리 산 18-1

주소 제주 제주시 한림읍 월령리 359-4